S Rout
B Mallick
C Parida

Técnica e aplicações do plasma frio

S Rout
B Mallick
C Parida

Técnica e aplicações do plasma frio

ScienciaScripts

Imprint

Any brand names and product names mentioned in this book are subject to trademark, brand or patent protection and are trademarks or registered trademarks of their respective holders. The use of brand names, product names, common names, trade names, product descriptions etc. even without a particular marking in this work is in no way to be construed to mean that such names may be regarded as unrestricted in respect of trademark and brand protection legislation and could thus be used by anyone.

Cover image: www.ingimage.com

This book is a translation from the original published under ISBN 978-620-7-80523-5.

Publisher:
Sciencia Scripts
is a trademark of
Dodo Books Indian Ocean Ltd. and OmniScriptum S.R.L publishing group

120 High Road, East Finchley, London, N2 9ED, United Kingdom
Str. Armeneasca 28/1, office 1, Chisinau MD-2012, Republic of Moldova, Europe
Printed at: see last page
ISBN: 978-620-8-09154-5

Copyright © S Rout, B Mallick, C Parida
Copyright © 2024 Dodo Books Indian Ocean Ltd. and OmniScriptum S.R.L publishing group

PREFÁCIO

O presente livro descreve a instalação experimental para a produção de plasma frio gasoso (N_2 , O_2 , H_2 , etc.) e a sua aplicação para modificar os materiais, nomeadamente os materiais fibrosos. A instalação foi concebida de forma autónoma no Institute of Physics (IOP), Bhubaneswar, Índia. A instalação atual é utilizada para a modificação de superfícies de vários materiais. É constituída por diferentes partes com diferentes funções. Foi ligada uma garrafa de gás N_2 puro com uma válvula de controlo para regular a entrada de gás (0,2 lpm). O vácuo da câmara foi obtido na ordem dos 2×10^{-5} mbar, utilizando um sistema de bombagem que combina uma bomba rotativa e uma bomba turbo-molecular. Foi fornecida uma fonte de alimentação RF de alta tensão de cerca de 1kV aos eléctrodos no interior da câmara de vácuo, utilizando uma unidade de alimentação de alta tensão (gamas de tensão 0-5 kV; gamas de corrente de saída 0-100 µA; gamas de frequência 10 MHz). Utilizando a configuração de plasma frio atualmente concebida, podem ser modificados materiais como metais (Cu, Au, Ag, etc.), fibras poliméricas e qualquer superfície sólida. No entanto, a configuração foi recentemente utilizada para a modificação da superfície de fibras poliméricas e foi caracterizada utilizando, difração de raios X, emissão de raios X induzida por protões, dispersão Raman, FTIR, SEM, analisador de impedância, etc. Este livro será útil para investigadores, estudantes e cientistas de materiais para moldar os seus materiais utilizando a sonda de plasma dentro da câmara de vácuo.

RESUMO

O apetite insaciável dos utilizadores por produtos cada vez mais avançados e com um design escasso resultou em enormes quantidades de resíduos electrónicos devido à utilização intensiva dos aparelhos e à redução do seu ciclo de vida. O lixo contém substâncias venenosas como o chumbo, o cádmio, o mercúrio e plásticos derivados do petróleo que não se decompõem no ambiente. A eliminação de produtos electrónicos tem frequentemente um efeito negativo no ecossistema do planeta. O desenvolvimento da próxima geração de dispositivos electrónicos beneficiaria muito com estratégias amigas do ambiente que pudessem acompanhar a procura dos consumidores.

Nos últimos anos, os compósitos biodegradáveis têm recebido muita atenção como uma possível resposta às enormes quantidades de resíduos electrónicos. Para atingir o objetivo dos compósitos recicláveis e biodegradáveis, as fibras naturais surgiram como a escolha para serem utilizadas como cargas em materiais compósitos. Nesta investigação, os compósitos verdes são desenvolvidos reforçando-os com fibras extraídas do sólido de Ichnocarpus frutescens (IFS), uma planta agrícola comum em Odisha. Trata-se de uma abordagem inovadora porque envolve a modificação da superfície das fibras IFS antes de serem utilizadas como reforço através da aplicação de plasma de ar frio e plasma de azoto. Ao modificar a superfície da fibra, a fibra IFS pode ser utilizada em compósitos para fazer avançar o campo da eletrónica ecológica. O grupo -OH na estrutura do ácido poli(lático) e a sua natureza biodegradável levaram à sua seleção como matriz em vez de outros materiais. As ligações de hidrogénio entre a fibra natural e a matriz podem formar-se facilmente devido à presença do grupo -OH na celulose. Além disso, até agora, não foi partilhada qualquer informação sobre as propriedades estruturais, a biocomposição da fibra de IFS e os compósitos de fibra de IFS/matriz de PLA tratados. A adesão entre as fibras e a matriz foi melhorada através da exposição das fibras a plasma frio de azoto/ar durante 1,5 min, 3,0 min e 4,5 min. A moldagem por injeção foi utilizada para desenvolver uma folha de compósito a partir de uma matriz PLA reforçada com fibras IFS.

A presença de multi-elementos não tóxicos, tais como Si, S, P, Cl, K, Ca, Sc, Ti, V, Mn, Fe, Cu e Zn, cada um com diferentes propriedades medicinais, foi verificada a partir do espetro PIXE. Quando a fibra IFS é exposta ao plasma de ar frio durante 4,5 min, a cristalinidade da celulose é destruída em grande medida, como evidenciado pela ausência de um pico cristalino nítido no difractograma de raios X. O deslocamento do pico e a mudança de intensidade que resultaram da microformação na fibra IFS tratada com plasma de ar foram efetivamente analisados utilizando o espetro XRD. A destruição da cristalinidade e a formação de grupos funcionais na fibra IFS tratada com plasma foram evidenciadas pela análise XRD, FTIR e Raman, sugerindo a interação molecular entre a fibra IFS e o plasma frio. As análises FTIR, XRD, Raman e SEM mostraram que a hemicelulose e a lignina foram removidas da fibra IFS através da exposição ao plasma frio. O comportamento das propriedades dieléctricas/impedância das amostras compósitas preparadas foi avaliado no espetro de frequência 4Hz- 4MHz à temperatura ambiente de 26oC. As propriedades dielétricas e de impedância foram analisadas variando o tempo de exposição ao plasma frio.

Um material dielétrico ecológico, verde e biodegradável fabricado a partir de uma fibra IFS e PLA biodegradável foi relatado com sucesso no presente estudo, com a promessa de reduzir o peso dos resíduos electrónicos nos próximos dias.

ABREVIATURA

IF	*Ichnocarpus Frutescens*
IFS	*Ichnocarpus Frutescens* Solid
PLA	Poly (lactic) acid
XRD	X-ray diffraction
FTIR	Fourier transform infrared spectroscopy
SEM	Scanning electron microscopy
PIXE	Proton induced X-ray emission
Hz	Hertz
kHz	Kilo Hertz
MHz	Mega Hertz
kV	Kilo Volt
%	Percentage
^{0}C	Degree Celsius
Min	Minute
Fig.	Figure
conc.	Concentrated
h.	Hour
mbar	mili bar
Lit	Litre
ml	mili litre
wt.	Weight
C	Coulomb
μA	micro ampere
μC	micro coulomb
T	Tesla
nT	nano tesla
Rpm	revolutions per minute
ppm	parts per million(mg/Kg)
μm	micro meter
nm	nano meter
Å	Angstrom
UV abs	ultraviolet absorbance

ÍNDICE

Capítulo 1

Introdução

- **Tratamento com plasma**
- **Plasma frio**
- **Plasma quente**
- **Interação molecular**
- **Trabalho anterior**

1.1. Tratamento com plasma

Uma estrutura de plasma é um sistema gasoso quasineutro parcialmente ionizado. É composto por átomos num estado de alta energia, radicais livres, átomos metaestáveis, electrões e iões de carga positiva. Cada entidade tem interações químicas e físicas com superfícies sólidas. Equilibra sempre as cargas positivas e negativas em cada volume macroscópico. O tratamento com plasma é uma das novas abordagens físicas utilizadas para alterar as caraterísticas da superfície da fibra vegetal natural. Esta tecnologia oferece métodos económicos, ecológicos e adaptáveis para melhorar as qualidades necessárias das superfícies dos materiais poliméricos. Poupa tempo, dinheiro e energia, ao mesmo tempo que evita produtos químicos e substâncias tóxicas. Para melhorar o desempenho dos materiais fibrosos, podem ser utilizados gases de plasma como o azoto, o oxigénio, o hélio, o metano, o etileno, o ar e o amoníaco. O plasma de ar frio é provavelmente uma tecnologia flexível para alterar a superfície e a estrutura das fibras devido aos seus baixos níveis de ionização e baixa energia de penetração[1-2]. A Fig.1.1 descreve a classificação do plasma.

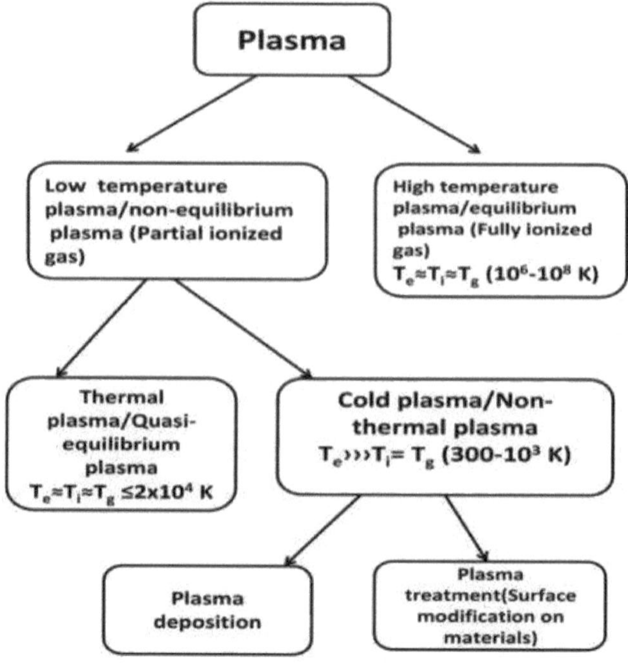

Fig. 1.1. Tipos de plasma

O plasma é classificado em dois tipos, ou seja, plasma de baixa temperatura (plasma de não-equilíbrio) e plasma de alta temperatura (plasma de equilíbrio). O plasma de baixa temperatura é ainda classificado em plasma de quase-equilíbrio, também conhecido como plasma térmico, e plasma frio, também conhecido como plasma não-térmico. A temperatura dos átomos gasosos e dos iões no plasma frio situa-se entre 300K e 1000K.

1.1.1 Plasma frio

O plasma térmico e o plasma não térmico são dois tipos de plasma a baixa temperatura. O plasma térmico é também conhecido como plasma de quase-equilíbrio, em que a temperatura dos electrões é quase igual à temperatura do gás e dos iões ($T_e \approx T_{gas} \approx T_{ions}$). A temperatura dos electrões no plasma não térmico, também designado por plasma de não-equilíbrio e plasma frio, parece ser muito superior à temperatura do gás e dos iões (Te≫Tgas ≈Tiões). A maior parte da energia eléctrica em interação é dirigida para a componente eletrónica do plasma, causando a geração de electrões energéticos em vez de aquecer todo o fluxo de gás. Os iões e os componentes neutros do plasma continuam a manter-se à temperatura ambiente ou perto dela. Uma vez que os iões permanecem relativamente frios, o plasma frio pode ser utilizado para tratar materiais sensíveis ao calor, como polímeros e tecidos biológicos. O plasma frio é normalmente observado em descargas incandescentes, descargas de radiofrequência (RF) de baixa pressão e descargas corona. As propriedades surpreendentes do plasma frio, tais como a sua existência termodinâmica de não equilíbrio, a baixa temperatura do gás, a presença de espécies quimicamente reactivas e a seletividade estéreo, proporcionam um grande potencial de utilização destas fontes de plasma frio numa grande variedade de domínios, tais como a modificação de superfícies, a purificação do ar, a tecnologia médica, a higiene, o tratamento da água e a esterilização de superfícies de materiais de embalagem, entre outros.

As vantagens do plasma frio são

❖ Tratamentos a baixa temperatura

- ❖ Baixo custo de funcionamento
- ❖ Amigo do ambiente
- ❖ Gerado à pressão atmosférica
- ❖ Sem produção de resíduos
- ❖ Não utilização de produtos químicos
- ❖ Melhoria da aderência
- ❖ criação de superfícies anti-embaciamento
- ❖ melhorou significativamente a molhabilidade da superfície
- ❖ Melhorar a energia de superfície
- ❖ Ativação da superfície
- ❖ Formação de radicais livres
- ❖ Reticulação à superfície
- ❖ Remoção de contaminantes
- ❖ Modificação da morfologia da superfície
- ❖ Alterações na cristalinidade da superfície
- ❖ Gravura selectiva, ablação
- ❖ Altera a rugosidade da superfície

1.1.2 Plasma quente

O plasma térmico é criado a altas pressões (>10 kPa) utilizando fontes de corrente contínua (DC), corrente alternada (AC), radiofrequência (RF) e micro-ondas a temperaturas que variam entre 2.000 e 20.000 K. A tecnologia de plasma térmico está a emergir como um método inovador e extremamente capaz de ciência e fabrico de materiais. As partículas pesadas e os electrões são mantidos à mesma temperatura e têm uma elevada densidade de energia. Os principais tipos de plasma térmico são os arcos transferidos por corrente contínua, as tochas de plasma e as descargas RF indutivamente acopladas. O plasma quente é amplamente utilizado na tecnologia de revestimento, na formulação de nanopós delicados, na eliminação de resíduos, no corte, soldadura e pulverização, no processamento de materiais e na deposição de vapor de plasma, entre outros.

As vantagens do plasma quente são

* ❖ Tem uma elevada taxa de transmissão de calor para o artigo a ser aquecido e mantém uma temperatura ultra-alta constante.

* ❖ Amigo do ambiente

* ❖ Não utilização de produtos químicos

* ❖ Evita a corrosão dos materiais

* ❖ Tecnologia rentável

* ❖ Melhoria das propriedades físicas e químicas

1.1.3 Interação molecular do plasma frio com a fibra vegetal natural

A interação do plasma frio com a matéria pode ser compreendida através do processo de ablação, reticulação e ativação.

1.1.3.1 Ablação

O bombardeamento da superfície do polímero por partículas de alta energia (radicais livres, electrões e iões) provoca a rutura das ligações covalentes da espinha dorsal do polímero, dando origem a cadeias de polímeros com menor peso molecular. Este processo é designado por processo de ablação, como se mostra na Fig.1.2. As moléculas com polímeros de cadeia longa ficam mais curtas durante este processo.

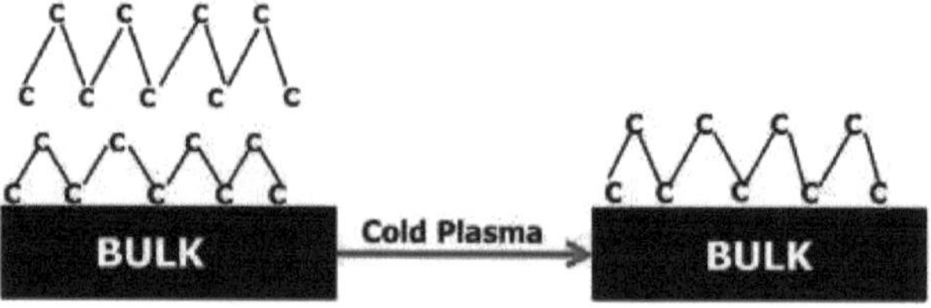

Fig. 1.2. Ablação por plasma

1.1.3.2 Reticulação

Para a reticulação são utilizados gases inertes, como o hélio ou o árgon. A reticulação pode criar uma ligação dupla ou tripla através da interação com um radical livre próximo na mesma cadeia. Existe a formação de ligações entre grupos químicos na superfície do material com radicais livres circundantes em várias cadeias mostradas na Fig.1.3.

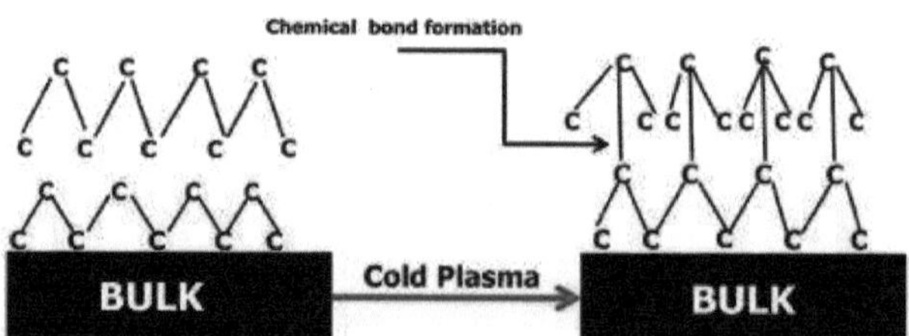

Fig.1.3. Mecanismo de reticulação durante o tratamento com plasma

1.1.3.3 Ativação

No processo de ativação, formam-se novos grupos funcionais, tais como (-COOH, $-NO_2$, NH_2 , etc.), quando o plasma reage com a superfície sólida, o que leva a um aumento da energia superficial e da reatividade. Qualquer processo químico em que um radical livre de hidrogénio (átomo de hidrogénio neutro) é extraído de um substrato utilizando a expressão $X^* + H - Y = H - X^* + Y^*$ é conhecido como abstração de átomos de hidrogénio (HAA) ou transferência de átomos de hidrogénio (HAT). A criação dos grupos funcionalizados segue-se ao processo de abstração de hidrogénio. A presença de grupos funcionais na superfície de um polímero pode alterar as suas propriedades físicas e químicas. A Fig. 2.10 mostra a fixação de grupos funcionais na superfície.

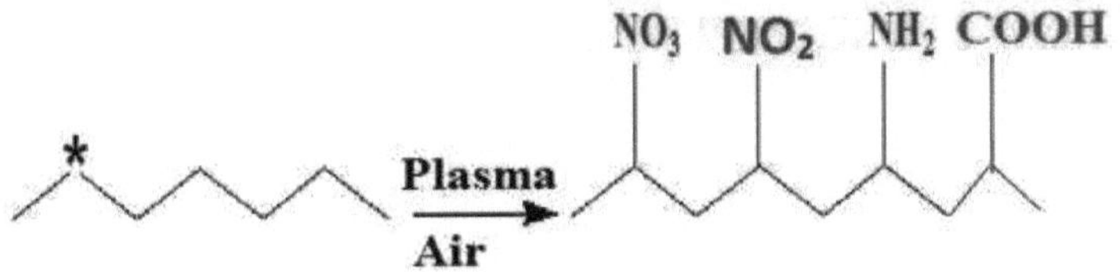

Fig. 1.4. **Fixação de grupos funcionais após tratamento com plasma de ar frio**

Os diferentes componentes do sistema de plasma possuem energias diferentes que obedecem a uma distribuição de energia não Maxwelliana. A energia do ião +ve varia entre 10 eV e 30 eV, a energia do fotão varia entre 3 eV e 40 eV e a energia do eletrão varia entre 0 e 10 eV. A Fig.1.5 mostra a interação molecular entre a fibra vegetal natural e o plasma frio.

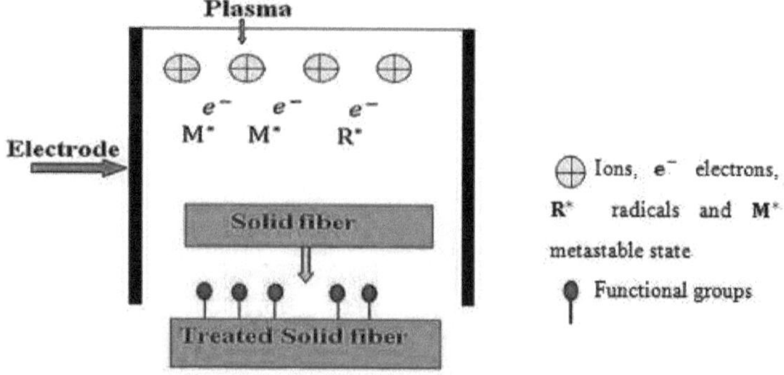

Fig.1.5. Interação molecular do plasma frio com a fibra natural

A ionização de átomos gasosos gera electrões, que absorvem gradualmente a energia do campo elétrico de radiofrequência fornecido. Quando estes electrões colidem com moléculas de gás neutras, transferem energia para as moléculas de gás, resultando em moléculas de gás reactivas nos estados excitados. É representado por

$$e + M \rightarrow M^+ + 2e^- \tag{1.1}$$

em que M são as moléculas de gás e M^+ são as moléculas de plasma de gás ionizado.

Quando um eletrão passa de um nível de energia superior para um nível de energia inferior, é libertado um fotão com uma energia hf, que é absorvido pelas moléculas de gás. Esta absorção de fotões reioniza as moléculas de gás da seguinte forma

$$hf + M \rightarrow M^+ + e^- \tag{1.2}$$

As moléculas de plasma na fase gasosa existem em estados metaestáveis (M*). A colisão deste plasma gasoso metaestável ioniza as moléculas neutras. Os radicais livres são criados quando um eletrão energético colide com moléculas do ar como o N2 e o O2.

$$e + N_2 \rightarrow N_2^{-} \qquad (1.3)$$

$$e + N_2 \rightarrow N + N^{-} \qquad (1.4)$$

$$e + O_2 \rightarrow O_2^{-} \qquad (1.5)$$

$$e + O_2 \rightarrow O + O^{-} \qquad (1.6)$$

1.2 Aplicação do plasma frio

O quadro 1.1 enumera as investigações anteriores sobre o tratamento por plasma de várias fibras naturais, a investigação sobre a fábrica IFS, a investigação sobre o PLA puro e os compósitos de PLA/fibras naturais entre 2000 e 2023[3-23].

Quadro 1.1: Aplicações do tratamento com plasma

Ano	Autores	Conclusão
2000	Dilsiz	Revisão da modificação da superfície da fibra de carbono através de tratamento por plasma
	Zhang et al.	O tratamento por plasma das fibras poliméricas melhora eficazmente o desempenho à flexão e a resistência dos compósitos de betão reforçados com fibras.
	Wong	Investigação das alterações morfológicas e topográficas em fibras de linho tratadas com plasma a baixa temperatura
2001	Selli et al.	Aumento da cristalinidade devido ao tratamento de plasma na fibra de seda

2002	Hocker	Revisão da melhoria das propriedades da fibra têxtil modificada por tratamento de plasma
2003	Martin et al.	Analisou as propriedades mecânicas do compósito de polietileno reforçado com fibra de sisal tratado com plasma frio.
2004	Yuan et al.	Relataram o aumento da resistência à tração e do módulo de tração da folha de compósito após o tratamento por plasma de ar.
2005	Sol e Estilos	Investigação da melhoria das propriedades mecânicas de tecidos de fibras naturais por tratamento com plasma de oxigénio
2006	Morales et al. Xu et al. El-Zawahry	Analisou o efeito da modificação por plasma em fibras celulósicas para aplicação em compósitos e concluiu que a adesão fibra-matriz aumenta com o tempo de exposição. Para além de 4 min de tratamento, a fibra pode degradar-se, reduzindo a adesão com a matriz. A molhabilidade e a capacidade de tingimento são significativamente melhoradas após o tratamento com plasma nas propriedades da superfície da fibra de bambu. O plasma de azoto a baixa temperatura melhorou a hidrofilicidade e a molhabilidade dos tecidos de lã
2007	Skundric, P et al.	Estudo das propriedades húmidas da fibra de cânhamo modificada por tratamento com plasma
2008	Kim, B. S. et al.	Analisou o efeito do tratamento do pólipo no propriedades mecânicas dos compósitos de fibras naturais
2009	Sinha et al. Kalia et al.	Análise do efeito do tratamento por plasma na estrutura e molhabilidade da fibra de juta Aumento registado na adesão fibra-matriz após tratamento com plasma
2010	Seki et al.	Relatou o impacto do tratamento com plasma de O2 em compósitos de fibra de juta/poliéster
2011	Kafi, A et al.	Analisou o aumento da resistência à flexão, do módulo de flexão e da tensão de cisalhamento interlaminar de compósitos produzidos a partir de tecidos tratados com plasma atmosférico
2012	Chaudhary et al. Starlin et al.	Reviu as propriedades medicinais de Ichnocarpus frutescens (raiz, caule e folhas) para tratar várias doenças como atrofia, sangramento das gengivas, convulsões, tosse, delírio, disenteria, glossite, heamaturia, etc. Estudou a análise elementar e de grupos

	Jang et al.	funcionais de Ichnocarpus frutescens. O tratamento com plasma melhorou a adesão interfacial entre as fibras de coco e a matriz de PLA. Foi também registada uma melhoria das propriedades mecânicas, como a resistência à tração e o módulo de Young.
2013	Gibeop et al.	Relatou a melhoria das propriedades mecânicas da fibra de juta e dos seus compósitos utilizando o ácido poliláctico (PLA) como matriz através do tratamento por plasma com várias exposições tempos (30, 60, 90 e 120 s)
2015	Kumarappan et al.	Referiu que a Ichnocarpus frutescens é uma planta medicinal valiosa.
2016	Cordeiro	Analisou a melhoria das propriedades de superfície de tingimento de fibras naturais por tratamento com plasma
2017	Prathib et al.	Reviu as actividades fotoquímicas de Ichnocarpus frutescens e comunicou a presença de fenilpropanóides, ácidos fenólicos, hidratos de carbono, saponinas, proteínas, aminoácidos, cumarinas, alcalóides, flavonóides, esteróis e triterpenóides pentacíclicos
	Enciso et al.	Tratamento de plasma revisto em fibras de celulose para melhorar a adesão entre a matriz polimérica e fibras naturais
	Valasek et al.	Relataram que o tratamento de plasma na fibra alterou as estruturas da superfície da fibra através da gravação e aumentou a interação interfacial da fibra e da resina epóxi durante a formação de compósitos.
	Asha et al.	Relatou a alteração das propriedades da superfície por plasma tratamento da fibra de juta reforçada com matriz PLA
2019	Siakeng et al.	Revisto a aplicação de plasma natural tratado fibra reforçada com matriz PLA
2020	Putra et al.	Analisou os efeitos do tratamento com plasma líquido na resistência à tração das fibras de coco.
2021	Gupta et al.	Estudou o efeito do tratamento com plasma na fibra natural.

| 2022 | Mohsina et al. | Analisou os efeitos farmacológicos da Ichnocarpus frutescens, tais como diabetes, demulcente, problemas de pele, febres, perturbações hepáticas, etc. |
| 2023 | Gupta et al. | Relatou a melhoria das propriedades mecânicas e de superfície através do tratamento com plasma frio de azoto em fibras de bananeira e de sisal reforçadas com epóxi. |

1.3 A fibra natural utilizada no nosso estudo

De entre 146 espécies de plantas fibrosas, 98 géneros e 40 famílias, a fibra sólida de *Ichnocarpus Frutescens* (IFS) é uma fibra vegetal polimérica lignocelulósica biodegradável de ocorrência natural. É nativa da Índia, China, Ásia e Austrália. É um material de resíduos agrícolas com casca fibrosa utilizado como corda (Sahu et al., 2013). O seu diâmetro varia entre 1,692 mm e 2,357 mm, e é a fibra vegetal natural trepadora e a planta medicinal mais longa do mundo. O IFS é conhecido como **SUAN LATA** em Odia e black creeper em inglês. A raiz, o caule, a flor e a folha das plantas IFS são utilizadas para tratar uma variedade de doenças, incluindo bronquite, febre, cólera, feridas, sarampo, mordeduras de cães, iterícia, diabetes, giardíase, visão deficiente, varicela, tarântula, dor, toxoplasmose, sarcoma e ferimentos. A pasta de folhas é aplicada em cortes para parar o sangramento e fervida com óleo para curar dores de cabeça e febres[24-27]. O caule e a fibra da IFS são mostrados na Fig.1.1.

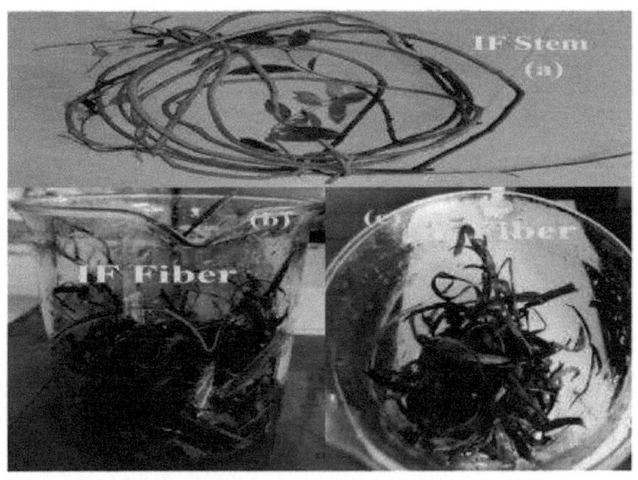

Fig.1.1. Caule e fibra da planta IFS

REFERÊNCIAS

1. Dilsiz N. 2000. Plasma surface modification of carbon fibers: a review, *Journal of Adhesion Science and Technology*, **14**(7);975-987.

2. Hocker H. 2002. Plasma treatment of textile fibers, *Pure and Applied Chemistry*, **74**(3):423-427.

3. Selli E, Riccardi C, Massafra MR e Marcandalli B. 2001. Surface modifications of silk by cold SF6 plasma treatment, *Macromolecular Chemistry and Physics*, **202**(9):1672-1678.

4. Wong KK, Tao XM, Yuen CWM e Yeung KW. 2000. Estudo topográfico de fibras de linho tratadas com plasma a baixa temperatura, *Textile Research Journal*, **70**(10):886-893.

5. Martin AR, Denes FS, Rowell RM e Mattoso LH. 2003. Mechanical behavior of cold plasma-treated sisal and high-density polyethylene composites, *Polymer Composites*, **24**(3):464-474.

6. Yuan X, Jayaraman K e Bhattacharyya D. 2004. Effects of plasma treatment in enhancing the performance of woodfibre-polypropylene composites, *Composites Part A: Applied Science and Manufacturing*, **35**(12):1363-1374.

7. Morales J, Olayo MG, Cruz GJ, Herrera FP e Olayo R. 2006. Plasma modification of cellulose fibers for composite materials, *Journal of Applied Polymer Science*, **101**(6):3821-3828.

8. Xu X, Wang Y, Zhang X, Jing G, Yu D e Wang S. 2006. Effects on surface properties of natural bamboo fibers treated with atmospheric pressure argon plasma, *Surface and Interface Analysis: An International Journal devoted to the development and Application of Techniques for the analysis of Surfaces, Interfaces and Thin Films*, **38**(8): 1211-1217.

9. El-Zawahry MM, Ibrahim NA e Eid MA. 2006. The impact of nitrogen plasma treatment upon the physical-chemical and dyeing properties of wool fabric, *Polymer-Plastics Technology and Engineering*, **45**(10):1123-1132.

10. Skundric P, Kostic M, Medovic A, Pejic B, Kuraica M, Vuckovic A e Puric J. 2007. Wetting properties of hemp fibers modified by plasma treatment, *Journal of Natural Fibers*, **4**(1):25-33.

11. Kim BS, Nguyen MH, Hwang BS e Lee S. 2008. Efeito do tratamento com plasma nas propriedades mecânicas de compósitos de fibra natural/PP, *WIT Trans Built Environ*, **97**:159-166.

12. Sinha E e Panigrahi S. 2009. Efeito do tratamento por plasma na estrutura, molhabilidade da fibra de juta e resistência à flexão do seu compósito, *Journal of Composite Materials*, **43**(17): 1791-1802.

13.Kalia S, Kaith BS e Kaur I. 2009. Pré-tratamentos de fibras naturais e sua aplicação como material de reforço em compósitos poliméricos: A review, *Polymer Engineering & Science*, **49**(7):1253-1272

14.Seki Y, Sarikanat M., Sever K, Erden S e Ali Gulec H. 2010. Efeito do tratamento com plasma de oxigénio de baixa e radiofrequência da fibra de juta nas propriedades mecânicas do compósito de fibra de juta/poliéster, *Fibras e Polímeros*, **11**(8):1159-1164

15.Kafi AA, Magniez K e Fox BL. 2011. A surface-property relationship of atmospheric plasma treated jute composites, *Composites Science and Technology*, **71**(15):1692-1698.

16.Starlin T, Ragavendran P, Raj CA, Perumal PC e Gopalakrishnan VK. 2012. Análise de elementos e grupos funcionais de Ichnocarpus frutescens R. Br. (Apocynaceae), *International Journal of Pharmacy and Pharmaceutical Science*, **4**:343-345.

17.Cordeiro RC. 2016. Tratamento por plasma de fibras naturais para melhorar a compatibilidade fibra-matriz (Doctoral dissertation).

18.Enciso B, Abenojar JA e Martínez MA. 2017. Influência do tratamento com plasma na adesão entre uma matriz polimérica e fibras naturais, *Cellulose*, **24**(4):1791-1801.

19.Valasek P, Muller M e Sleger V. 2017. Influência do tratamento de plasma nas propriedades mecânicas das fibras à base de celulose e sua interação interfacial em sistemas compostos, *Bio Resources*, **12** (3): 5449-5461.

20.Asha AB, Sharif A e Hoque ME. 2017. Interação de interface de biocompósitos PLA reforçados com fibra de juta para potenciais aplicações, *Biocompósitos Verdes. Energia Verde e Tecnologia. Springer, Cham*, 285-307.

21.Siakeng R, Jawaid M, Ariffin H, Sapuan SM, Asim M e Saba N. 2019. Compósitos de ácido polilático reforçados com fibra natural: Uma revisão, *Polymer Composites*, **40**(2):446-463.

22. Putra AEE, Renreng I, Arsyad H e Bakri B. 2020. Investigando os efeitos do tratamento com plasma líquido na resistência à tração das fibras de coco e na adesão interfacial fibra-matriz de compósitos, *Composites Part B: Engineering*, **183**:107722.

23. Gupta PK, Raghunath SS, Prasanna DV, Venkat P, Shree V, Chithananthan C e Geetha K. 2019. Uma atualização sobre a visão geral da celulose, a sua estrutura e aplicações, *Cellulose*, **201**(9).

24. Mohsina FP, Quazi A, Faheem IP, Anuradha M, Mukim M e Patil A. 2022. Padrões botânicos, etnofarmacológicos, fitoquímicos e farmacológicos da planta *Ichnocarpus Frutescens, Research & Review: Drogas e Desenvolvimento de Drogas*, **4**(1):1-12.

25. Chaudhary K, Aggarwal B e Singla RK. 2012. Ichnocarpus frutescens: A medicinal plant with broad spectrum, *Indo Global Journal of Pharmaceutical Sciences*, **2**(1):63-69.

Capítulo 2

Teoria do plasma

- **Teoria da Interação**
- **Energia cinética de um sistema de duas partículas**

2.1 Teoria.

A interação do plasma com os átomos ou moléculas do sólido pode ser expressa através da aplicação da lei da conservação do momento e da energia, que é dada a seguir

$$m_{pl}\, u_{pl} + m_m u_m = m'_{pl} v_{pl} + m'_m v_m$$

(2.1)

$$\tfrac{1}{2} m_{pl} u_{pl}^2 + E_{pl} + \tfrac{1}{2} m_m u_m^2 + E_m = \tfrac{1}{2} m'_{pl} v_{pl}^2 + E'_{pl} + \tfrac{1}{2} m'_m v_m^2 + E'_m$$

(2.2)

$$\frac{1}{2} m_{pl} u_{pl}^2 + \frac{1}{2} m_m u_m^2$$
$$= \frac{1}{2} m'_{pl} v_{pl}^2 + \frac{1}{2} m'_m v_m^2 + \left| (E'_{pl} + E'_m) - (E_{pl} + E_m) \right|$$

$$\tfrac{1}{2} m_{pl} u_{pl}^2 + \tfrac{1}{2} m_m u_m^2 = \tfrac{1}{2} m'_{pl} v_{pl}^2 + \tfrac{1}{2} m'_m v_m^2 + \Delta E$$

(2.3)

em que m_{pl} e m_m são as massas das moléculas de plasma e de sólido, u_{pl}, u_m, v_{pl} e v_m são as velocidades das moléculas de plasma e de sólido antes e depois da colisão,

$$\Delta E = \left| (E'_{pl} + E'_{m}) - (E_{pl} + E_{m}) \right|$$

(2.4)

Onde ΔE é a variação das energias internas, e E'_{pl}, E'_{m}, E_{pl} and E_{m} são as energias quantizadas das moléculas do plasma e do sólido após e antes da colisão.

No caso de a energia do plasma ser da ordem dos keV

$$m_{pl} = m'_{pl},$$
$$m_{m} = m'_{m}$$

2.2 Energia cinética (E.C.) de um sistema de duas partículas

Temos a velocidade do centro de massa

$$u_{cm} = \frac{m_{pl}u_{pl} + m_{m}u_{m}}{m_{pl} + m_{m}} \tag{2.5}$$

Velocidade de m_{pl} em relação a (w.r.t) c.m

$$u_{pl,c.m} = u_{pl} - u_{c.m}$$

$$= u_{pl} - \left[\frac{m_{pl}u_{pl} + m_{m}u_{m}}{m_{pl} + m_{m}} \right]$$

$$u_{pl,c.m} = \frac{m_{m}(u_{pl} - u_{m})}{m_{pl} + m_{m}} \tag{2.6}$$

Velocidade de m_{m} em relação a c.m

$$u_{m,c.m} = u_{m} - u_{c.m}$$

$$= u_m - \left[\frac{m_{pl}u_{pl} + m_m u_m}{m_{pl} + m_m}\right]$$

$$u_{m,c.m} = \frac{m_{plasma}(u_{molecule} - u_{plasma})}{m_{plasma} + m_{molecule}} \tag{2.7}$$

O K.E do plasma em relação ao c.m

$$K.E_{pl,c.m} = \frac{1}{2}m_{pl}\left|u_{pl,c.m}\right|^2 \tag{2.8}$$

Do mesmo modo, o K.E das moléculas em relação ao c.m

$$K.E_{m,c.m} = \frac{1}{2}m_m\left|u_{m,c.m}\right|^2$$

A Eq. (2.8) pode ser obtida substituindo o valor de $u_{m,c.m}$

$$= \frac{1}{2}\frac{m_m(m_{pl})^2\left|u_m - u_{pl}\right|^2}{(m_{pl} + m_m)^2} \tag{2.9}$$

$$\left|u_{pl} - u_m\right|^2 = \left|u_m - u_{pl}\right|^2$$

O K.E. total do sistema antes da colisão pode ser obtido adicionando as Eq. (2.8) e (2.9)

$$K.E_{system,c.m} = \frac{1}{2}\frac{m_{pl}m_m}{m_{pl} + m_m}\left|u_{pl} - u_m\right|^2$$

$$K.E_{system,c.m} = \frac{1}{2}\mu u_r^2 \tag{2.10}$$

Do mesmo modo, o K.E. total do sistema após a colisão, utilizando a Eq.(2.10), pode ser simplificado como

$$K.E_{system,c.m} = \frac{1}{2}\frac{m_{pl}m_m}{m_{pl}+m_m}\left|v_{pl}-v_m\right|^2 + \Delta E$$

$$K.E_{system,c.m} = \frac{1}{2}\mu v_r^2 + \Delta E \qquad (2.11)$$

Comparando as Eq. (2.10) e (2.11), podemos ter

$$\frac{1}{2}\mu u_r^2 = \frac{1}{2}\mu v_r^2 + \Delta E \qquad (2.12)$$

Onde $\mu = \frac{m_{pl}m_m}{m_{pl}+m_m}$, $u_r^2 = \left|u_{pl}-u_m\right|^2$, $v_r^2 = \left|v_{pl}-v_m\right|^2$ são a massa reduzida, as velocidades relativas do sistema devido ao movimento relativo antes da colisão e as velocidades relativas após a colisão, respetivamente. O valor de ΔE (2.12) quantifica a energia cinética total do sistema. A energia cinética total pode diminuir com a colisão ($\Delta E > 0$) ou pode aumentar com a colisão ($\Delta E < 0$) ou pode ser conservada ($\Delta E = 0$). A energia ΔE é a principal responsável pela modificação dos materiais.

REFERÊNCIAS

1. Sun D e Stylios GK. 2005. Investigating the plasma modification of natural fiber fabrics-the effect on fabric surface and mechanical properties, *Textile Research Journal*, **75**(9): 639-644.
2. Sun D. 2016. Modificação da superfície de fibras naturais usando tratamento de plasma, *Biodegradable Green Composites*, **1**:1-338.

Capítulo 3

Produção de plasma frio

- **Instalação experimental para a produção de plasma frio**
- **Tratamento por plasma frio em fibra IFS**
- **Processamento de materiais**

3.1 Instalação experimental para a produção de plasma frio

A instalação de plasma frio foi efectuada no Instituto de Física de Bhubaneswar. A Fig.3.1 mostra a instalação de plasma frio.

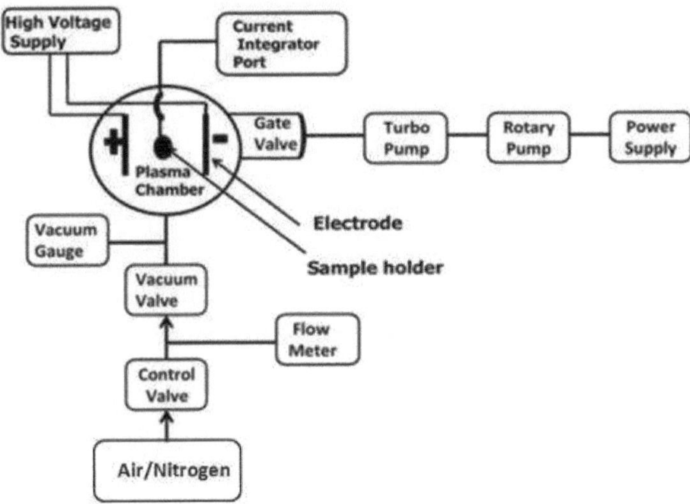

Fig. 3.1 diagrama esquemático da instalação de plasma frio

Foi ligada uma garrafa de gás/ar de N_2 puro com uma válvula de controlo para regular o fluxo de gás no interior da câmara. Uma válvula de vácuo é ligada entre a câmara de vácuo e a válvula de controlo para isolar a câmara de vácuo ou permitir o fluxo direto de gás para a câmara. A quantidade de fluxo é medida com um medidor de fluxo. O gás é fornecido à câmara de plasma a um caudal de 0,2 litros/minuto. A pressão do gás pode ser monitorizada utilizando medidores de vácuo. A câmara de vácuo de plasma é feita de aço inoxidável e tem uma circunferência exterior de 92 cm. O vácuo foi mantido na ordem dos 2×10^{-5} mbar utilizando um sistema de bombagem constituído por uma bomba molecular rotativa e uma bomba molecular turbo. O sistema de bombagem mantém o elevado vácuo no interior da câmara, extraindo as moléculas de gás de impureza da câmara. Uma fonte de alimentação de alta tensão de cerca de 1-2 kV foi fornecida aos eléctrodos no interior da câmara utilizando uma unidade de alimentação de alta tensão ORTEC 659 (gama de tensão de polarização 0-5 kV; gama de corrente de saída 0-100 μA e gama de frequência 5-50 MHz). Depois de mantido o vácuo no interior da câmara, o gás/ar N2 flui para o interior e é ionizado devido à elevada diferença de potencial criada entre dois eléctrodos, principalmente por uma fonte de alta tensão de 1-2 kV. Foi utilizado um integrador de corrente para calcular a quantidade total de carga iónica gerada pelo plasma. Não foi observada qualquer degradação térmica ou queima da fibra devido à baixa pressão e temperatura.

A Fig. 3.2 (a) mostra as imagens de uma válvula de vácuo, de uma válvula de controlo, de um medidor de vácuo e de uma câmara de plasma, e a Fig. 3.2 (b) mostra as imagens de uma bomba turbo, de uma bomba rotativa e de uma válvula de porta. A Fig. 3.3 (a) mostra os eléctrodos no interior da câmara de plasma. A Fig. 3.3 (b) mostra a fibra IFS mantida no interior da câmara de plasma. A formação de plasma frio e a tensão de alimentação para a configuração do plasma são apresentadas na Fig. 3.3 (c) e (d), respetivamente.

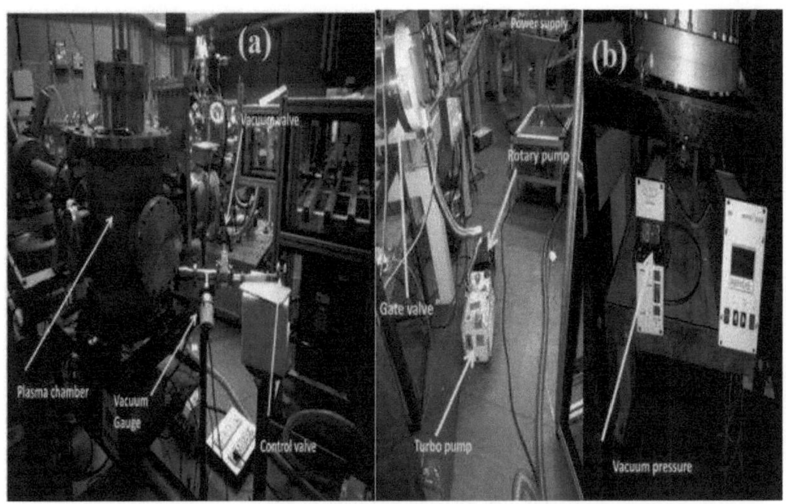

Fig. 3.2. Instalação experimental no Instituto de Física, Bhubaneswar, Índia: (a) Câmara de plasma (b) Turbo-bomba, bomba rotativa, válvula de gaveta

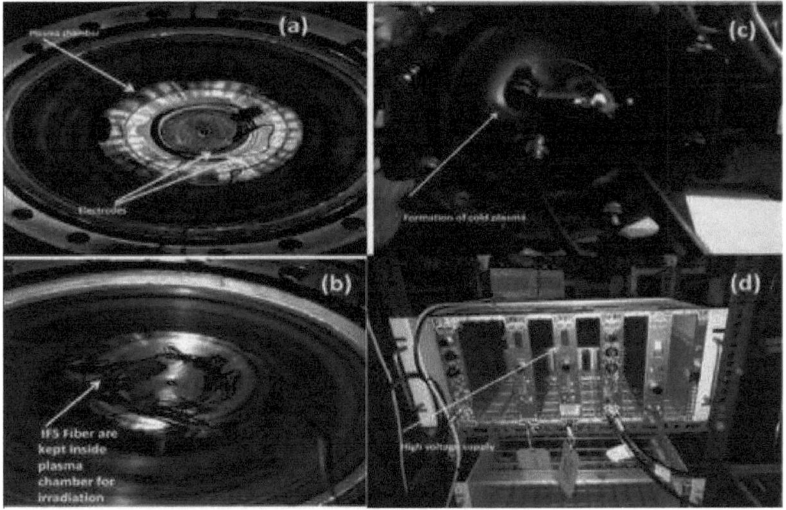

Fig. 3.3: (a) Eléctrodos no interior da câmara de plasma (b) Fibra IFS mantida no interior da câmara de plasma (c) formação de plasma frio (d) unidade de alimentação de alta tensão para a instalação do plasma

A Fig. 3.4 mostra o medidor de caudal de gás utilizado na instalação de plasma para medir o caudal. A Fig. 3.5 mostra (a) a fibra IFS mantida no suporte de amostras para tratamento por plasma e (b) a fibra IFS orientada para exposição completa ao plasma para modificação da superfície.

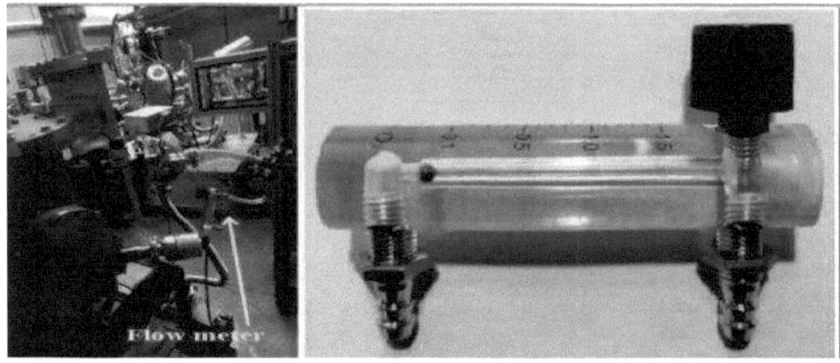

Fig. 3.4: Medidor de caudal de gás

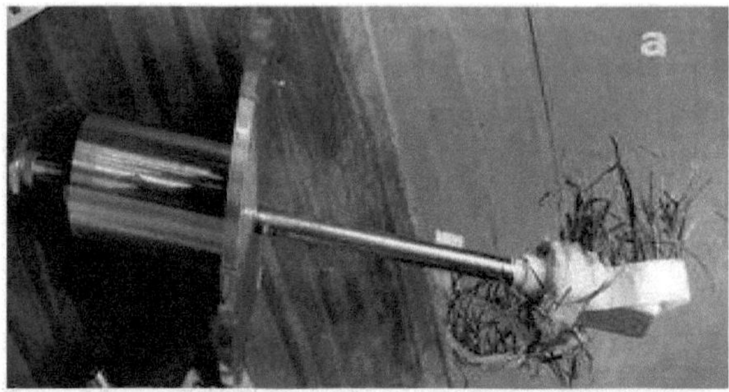

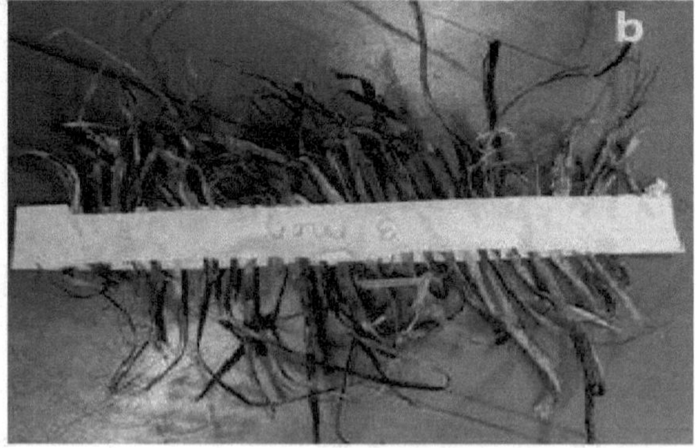

3.2 Tratamento por plasma frio na fibra IFS

A fibra extraída foi tratada com plasma frio de azoto com um caudal de gás de 0,2 litros/minuto a uma tensão de 2 kV durante 3 minutos a uma pressão de vácuo mantida a 2×10^{-3} mbar. As fibras IFS foram expostas a plasma frio de ar com caudal de gás durante três tempos de irradiação diferentes, 1,5 min, 3 min e 4,5 min, respetivamente, a 1 kV com $2,3 \times 10^{-4}$ mbar, $4,8 \times 10^{-3}$ mbar e $2,8 \times 10^{-2}$ mbar de pressão na câmara, respetivamente.

3.3 Processamento de amostras compósitas utilizando a matriz PLA

A fibra IFS, juntamente com os grânulos de PLA, são secos em vácuo a 80° C durante 24 h. Utilizando o equipamento de moldagem de investigação da DSM, sediado nos Países Baixos, nomeadamente o sistema de composição DSM Micro 15cc, durante 10 minutos, os grânulos de PLA e a fibra IFS foram misturados mecanicamente a 100 rpm a 170°C. Antes de injetar a amostra numa mini-moldadora por injeção, o compósito fundido foi purgado para fora do cilindro pré-aquecido. Utilizando o moldador, foram preparadas as dimensões desejadas da amostra para análise. Com a matriz de PLA, foram desenvolvidas 5 amostras compósitas diferentes. C é a matriz de PLA puro. C_0 é o compósito preparado pelo reforço de 5% wt de fibra IFS virgem não tratada na matriz PLA. Nas amostras compósitas C_1, C_2, e C_3, o PLA é misturado com 5% wt de fibra IFS tratada a plasma com 1,5min, 3min, e 4,5 min de tempo de exposição. A Tabela 4.1 lista todos os tipos de amostras para caraterização.

QUADRO 3.1: Tipos de amostras para caraterização

Amostras	Composição
P	Caule em bruto imaculado
B_0	Fibra virgem não tratada após imersão em NaOH
Bx	Fibra IFS tratada com plasma frio de azoto durante 3,0 min
B_1	Fibra IFS tratada com plasma de ar frio durante 1,5 min
B_2	Fibra IFS tratada com plasma de ar frio durante 3,0 min
B_3	Fibra IFS tratada com plasma de ar frio durante 4,5 min
C	PLA puro
C_0	PLA/5% em peso de fibra IFS virgem não tratada
C_1	PLA/5% em peso de fibra tratada com plasma de ar frio durante 1,5 minutos
C_2	PLA/5% em peso de fibra tratada com plasma de ar frio durante 3,0 minutos
C_3	PLA/5% em peso de fibra tratada com plasma de ar frio durante 4,5 minutos

REFERÊNCIAS

1. Rout S, Mallick B, Dash D, Nayak NR e Parida C. 2021. Effect Of vacuum plasma on structure and function of fibers of Ichnocarpus Frutescens, *Radiation Effects and Defects in Solids*, **176**(11-12):1160-1170.

2. Rout S, Mallick B e Pardia C. 2019. Análise PIXE e FTIR de fibra sólida polimérica de Ichnocarpus Frutescens, *Anais da Conferência AIP,* **2115**: 030045.

3. Rout, S., Mallick, B., & Parida, C. (2023). Plasma frio como uma abordagem competente para tratar a fibra sólida de Ichnocarpus frutescens: Análise PIXE, XRD, Raman, FT-IR e SEM. *Revista Brasileira de Física, 53*(2), 53.

Capítulo 4

Análise PIXE

- **Introdução**
- **Amostragem**
- **Experimental**
- **Resultados e discussão**

4.1 Introdução e enquadramento teórico do PIXE

Os electrões da camada interna de um átomo são ionizados e emitem raios X distintos quando são atingidos por partículas carregadas. O termo para esta ocorrência é "emissão de raios X induzida por partículas" (PIXE). Como resultado das consideráveis secções transversais de geração de raios X caraterísticos da PIXE, um detetor de silício (lítio) com uma elevada resolução de energia pode ser capaz de quantificar facilmente os raios X caraterísticos dos elementos que uma amostra contém. É o primeiro método deste tipo que pode efetuar uma análise multi-elementar precisa sem causar qualquer dano, com base na medição das caraterísticas dos raios X gerados pelo bombardeamento de um feixe de protões de 3 MeV orientado para a superfície da amostra. Uma vez que é utilizado um feixe de protões para o bombardeamento, este processo é também conhecido como emissão de raios X induzida por protões. O fundo contínuo no espetro de energia de raios X causado pelo bombardeamento com partículas carregadas pesadas é muito menor do que o do bombardeamento com electrões, pelo que o PIXE pode ser utilizado para a análise de elementos vestigiais. A cura química da amostra pode afetar os resultados da análise quantitativa. Por exemplo, a condição química da amostra pode afetar a ionização do átomo no contexto da modalidade de espetrometria de massa com plasma indutivamente acoplado (ICP-MS). Mas utilizando a análise PIXE, a amostra pode ser examinada diretamente, e é simples determinar a quantidade de cada elemento existente. Os feixes de protões de varrimento também podem ser utilizados para observar a forma como os elementos estão distribuídos na superfície da amostra. A técnica tradicional PIXE tem sido utilizada com sucesso há quase três décadas para analisar diferentes tipos de amostras. A técnica PIXE é utilizada para estudar amostras biológicas, suor de fibrose cística, amostras arqueológicas, pigmentos em mobiliário do século XVIII, pinturas de interiores, a cronologia dos escritos de Galileu, etc., para identificar os múltiplos elementos presentes na amostra.

Os electrões presentes na camada interna são ionizados por colisões próximas com partículas carregadas pesadas (dispersão de Rutherford), quando a velocidade do projétil é menor ou igual à velocidade média dos electrões da camada interna. Quando a velocidade do projétil é superior à velocidade média dos electrões do invólucro interno, os electrões do invólucro interno são ionizados devido à interação tipo nuvem entre o projétil e os electrões. Os electrões da camada interna são ionizados pelo efeito fotoelétrico causado pelos fotões virtuais no cenário em que a velocidade do projétil é comparável à velocidade da luz. O eletrão alvo está ligado ao átomo e a sua energia de estado limite (BE) é dada por $\frac{1}{2}m_e v^2 - \frac{ze^2}{r}$. Quando um eletrão com velocidade v e um projétil com velocidade V colidem frontalmente, a transferência de energia do projétil para o eletrão é dada por $2m_eV^2 + 2m_evV$. Quando $2m_eV^2 + 2m_evV \geq B.E$, os electrões são ionizados. Isto é possível para a velocidade dos electrões $v \geq \dfrac{B.E - 2m_eV^2}{2m_eV}$. Apenas os projécteis de baixa velocidade na vizinhança do núcleo podem ionizar os electrões de alta velocidade. Consequentemente, à medida que a energia do projétil diminui, as secções transversais de ionização da camada interna diminuem. A energia do projétil é dada por $E = \dfrac{1}{2}m_pV^2$. Quando $E \geq \dfrac{4m_P}{m_E}B.E$, todos os electrões são ionizados, e as secções transversais de ionização são maximizadas em $\dfrac{m_P}{m_E}B.E$. Quando a energia do projétil excede $\dfrac{m_P}{m_E}B.E$, as secções de ionização diminuem em função de *1/E*.

O feixe de protões utilizado na análise PIXE é criado principalmente por um acelerador de pelletrões em tandem de 3 MV (9SDH-2, National Electrostatic Corporation, EUA). O sistema do acelerador está rodeado por um recipiente sob pressão cheio de gás isolante, como o hexafluoreto de enxofre, e por uma linha de feixe evacuada. Vários tipos de iões negativos e positivos são acelerados utilizando o gradiente de tensão entre o terminal e o potencial de terra. O Pelletron pode atingir uma maior tensão, corrente, estabilidade da tensão terminal e energia das partículas do que o gerador de van de Graaff. O acelerador pelletron em tandem, a fonte de iões MC-SNIC, o íman injetor, o tripleto quádruplo eletrostático (EQT), o íman analisador, o íman de comutação, o íman quádruplo, as câmaras experimentais, a linha de feixe e os componentes, a fonte de alimentação e o sistema de ar condicionado são os principais componentes ou requisitos para a instalação do PIXE no Ion Beam Laboratory, Institute of Physics, bhubaneswar, odisha, Índia.

A investigação PIXE tem uma longa história. Os cientistas criaram a tecnologia pela primeira vez na década de 1950, e esta foi utilizada durante as décadas de 1970 e 1980. No Instituto Tecnológico de Lund, a tecnologia PIXE foi demonstrada pela primeira vez em 1970, utilizando um feixe de protões de 1 MeV e um detetor de Si (Li) de alta resolução [1-3]. Os vários elementos foram obtidos utilizando duas técnicas distintas, bem como as suas concentrações. Em primeiro lugar, uma linha caraterística de raios X com um determinado valor de energia produzida pelo bombardeamento de protões foi utilizada para determinar o elemento-alvo adequado. No outro método, a quantidade ou concentração de cada elemento foi medida através da medição da intensidade do pico das linhas de raios X utilizando o software GUPIX (Universidade de Guelph, Guelph, Ontário, Canadá) [4]. Devido à disponibilidade de uma vasta gama de funções não lineares, o ajuste não linear de curvas é uma técnica particularmente eficiente que oferece maior flexibilidade no ajuste de curvas. No presente caso, o ajuste não linear do espetro é efectuado utilizando a função voigt para fazer corresponder a forma do pico, e o algoritmo de ajuste marquardt é utilizado para analisar o espetro.

A espessura da janela da câmara, a geometria experimental do detetor de Si (Li), a energia das partículas incidentes e a carga líquida foram alguns dos factores utilizados para calcular o valor da concentração. O rendimento caraterístico dos raios X (Y_Z) de um elemento medido em ppm está relacionado com o número atómico Z e a concentração de elementos C_Z como

$$Y_z = H Y_z^T Q C_Z \varepsilon_z t_z \qquad (4.1)$$

$$C_Z = \frac{Y_z}{H Y_z^T Q \varepsilon_z t_z} \tag{4.2}$$

Q é a carga do feixe medido (µC) incidente nas amostras, Y_Z^T é o rendimento teórico de raios X calculado (a partir da base de dados), medido em micro coulomb de carga por unidade de concentração, ε_Z é a eficiência intrínseca do detetor de Si(Li), t_Z é a transmissão fraccionada de raios X através dos filtros e H é a constante instrumental. O produto do ângulo sólido geométrico do detetor de raios X e o fator de normalização incluído no sistema de integração de cargas é utilizado para calcular o valor de H [5].

A equação de rendimento de raios X pode também ser utilizada para calcular a concentração de elementos.

$$C_Z^{sample} = \frac{Y_Z^{sample}}{Y_Z^{standard}} \times \frac{S(E)^{sample}}{S(E)^{standard}} \times C_Z^{standard} \tag{4.3}$$

$C_z^{s\,tan\,dard}$ denota a concentração conhecida do elemento padrão (folha de cobre na atual configuração experimental), S (E) é conhecido como o poder de paragem da respectiva amostra. Quando os elementos se encontram nas mesmas amostras com uma matriz comum, o termo $\frac{S(E)^{sample}}{S(E)^{standard}}$ torna-se unitário, ou seja $S(E)^{standard} = S(E)^{sample}$ e a equação (4.3) é modificada para

$$C_z^{sample} = \left(\frac{Y_z^{sample}}{Y_z^{s\,tan\,dard}} \right) C_z^{s\,tan\,dard} \tag{4.4}$$

Aplicando novamente as mesmas condições experimentais, tais como a taxa de corrente (ou carga irradiada), a geometria do detetor, a energia do feixe e a configuração do módulo eletrónico, a equação acima (4.4) é simplificada como

$$C_z^{sample} = \left(\frac{I_z^{sample}}{I_z^{s\,tan\,dard}} \right) C_z^{s\,tan\,dard} \tag{4.5}$$

Onde $I_z^{standard}$ e I_z^{sample} são a intensidade do pico experimental ou a área integrada do pico dos elementos presentes na amostra padrão e na amostra experimental, respetivamente. O fator I_z é a área líquida do pico (A) dividida pela carga líquida (N(counts) $\times$ scale factor $\left(\frac{\mu C}{counts} \right)$.

$$I_z^{s\,tan\,dard} = \frac{A}{(scalefactor)(counts)} \tag{4.6}$$

No presente inquérito, é utilizada uma folha de cobre como material padrão, com uma concentração conhecida $\left(C_z^{s\,tan\,dard} \right)$ do elemento padrão Z como 99,98 % (99,98/100=0,9998 ou 999800 x10^{-6} =999800 ppm ou 999800 mg/kg).

A área líquida do pico é 518255 e são registadas 500 contagens de carga no espetro. A carga registada utilizando o integrador de corrente é o produto da contagem e do fator de escala. Para um fator de escala de $0.001 \frac{\mu C}{count}$, a carga total é obtida como

$$Q = (scalefactor)(counts) = \left(0.001 \frac{\mu C}{count} \right)(500count) = 0.5 \mu C$$

$$I_z^{s\,tan\,dard} = \frac{A}{(scalefactor)(counts)} = \frac{518225}{0.5 \mu C} = 1036510 \mu C^{-1}$$

O elemento da amostra com uma concentração desconhecida tem uma área de pico líquida com um número de contagens de 1460. Assim, o fator I_z para a amostra é obtido como

$$I_z^{sample} = \frac{A}{\left(scalefactor\right)\left(counts\right)} = \frac{1460}{0.5\,\mu C} = 2920\,\mu C^{-1}$$

Finalmente, a concentração da amostra experimental é obtida como

$$C_z^{sample} = \left(\frac{I_z^{sample}}{I_z^{s\,tan\,dard}}\right) C_z^{s\,tan\,dard} = \left(\frac{2920}{1036510}\right) 999800 = 2187\,ppm$$

4.2 Amostragem

As fibras IFS não irradiadas (virgens e pristinas) e tratadas com plasma frio (100 g) foram esmagadas até à forma de pó e o pó foi combinado com grafite (100 g) para formar um pellet. A grafite foi misturada para aumentar a condutividade do sistema. Utilizou-se uma fita de papel fluorescente para montar o granulado no suporte da amostra e colocá-lo dentro da câmara de vácuo, seguindo-se a exposição a um feixe de protões.

4.3 Experimental

A experiência de identificação e concentração de múltiplos elementos utilizando (PIXE) foi realizada no Laboratório de Feixes de Iões, Instituto de Física, Bhubaneswar, Índia, utilizando um acelerador de pelletrões em tandem de 3 MV (9SDH-2, National Electrostatic Corporation, EUA). A instalação PIXE consiste num acelerador de 3 MeV, detetor de Si(Li) (CANBERRA, SL30160), escada de alvo, câmara de dispersão, pré-amplificador (ORTEC 142), alimentação de polarização (ORTEC 459,0-5KV) e integrador de corrente com bombagem. Os diferentes componentes da instalação PIXE e da escada de amostras para a montagem de amostras utilizando fita de papel fluorescente são mostrados na Fig.4.1.

Fig.4.1. (a) Configuração PIXE, (b) escada de amostras para montagem de amostras utilizando fita de papel fluorescente

A fibra IFS pura e tratada (100 g) foi triturada até à forma de pó e o pó foi combinado com grafite (100 g) para formar um pellet. A grafite foi misturada com o aumento da condutividade do sistema. Foi utilizada uma fita de papel fluorescente para montar o pellet no suporte da amostra e colocado dentro da câmara de vácuo, seguindo-se a exposição ao feixe de protões. A Fig.4.2 mostra o diagrama de blocos experimental da instalação PIXE.

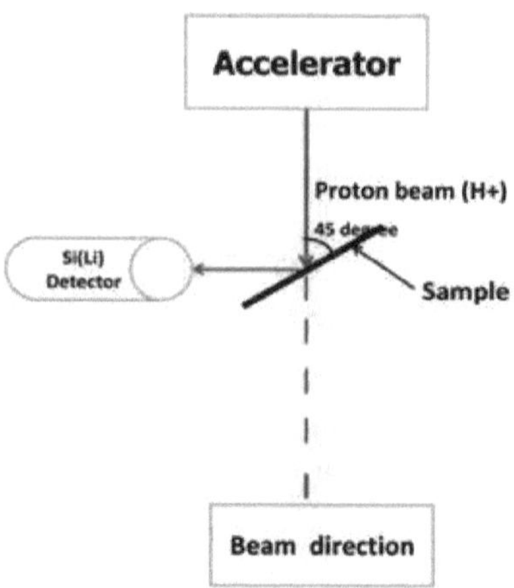

Fig.4.2.Diagrama de blocos experimental da configuração PIXE

4.4 Resultados e discussão

A PIXE/emissão de raios X induzida por protões, muitas vezes referida como emissão de raios X induzida por partículas, é um método potente para identificar os vários elementos e a sua concentração presentes numa determinada substância ou amostra. A análise PIXE do caule puro, da fibra IFS virgem não tratada e da fibra IFS tratada com plasma frio é discutida neste capítulo.

4.4.1 Análise PIXE da fibra virgem sem tratamento / fibra IFS tratada com plasma frio

Para identificar os multielementos presentes nas amostras, são utilizados diferentes tipos de técnicas experimentais, como a espetroscopia de absorção atómica (AAS), a espetroscopia de emissão atómica (AES), a espetroscopia de massa (MS), a fluorescência de raios X (XRF), o plasma indutivo acoplado (ICP), a espetroscopia de dispersão de energia (EDS), a espetroscopia de fluorescência atómica (AFC), o analisador de carbono hidrogénio azoto enxofre (CHNS), etc. No entanto, estas técnicas são demoradas e necessitam de preparação de amostras utilizando diferentes reagentes químicos, consoante o tipo de instrumentos[4] (Vijayan et al.,2003; Ishii,2019).

A técnica PIXE é fundamental para identificar a presença de elementos vestigiais e menores em todos os tipos de amostras, tais como pellets, película fina, pó, fibra, amostras fluidas, semi-sólidas e líquidas. Mas esta técnica não é capaz de detetar elementos com número atómico $Z < 12$ O espetro PIXE do caule puro/fibra IFS virgem não tratada/fibra IFS tratada com plasma frio é idêntico e é apresentado na Fig. 4.1. Mostra a presença de elementos múltiplos não tóxicos, tais como Si, S, P, Cl, K, Ca, Sc, Ti, V, Mn, Fe, Cu e Zn, cada um com diferentes propriedades medicinais. Estes resultados são consistentes com as conclusões de T Starlin et al. 2012. A partir do espetro PIXE, a concentração de K, Ca e Sc foi obtida como419310 ± 488, 256665 ± 2408, e 363210 ± 423 ppm, respetivamente. A elevada concentração destes elementos garante a utilização destas fibras no domínio biomédico, como os sistemas de administração de medicamentos. A Tabela 4.1 mostra os multielementos com a respectiva concentração determinada de acordo com a expressão 4.5.

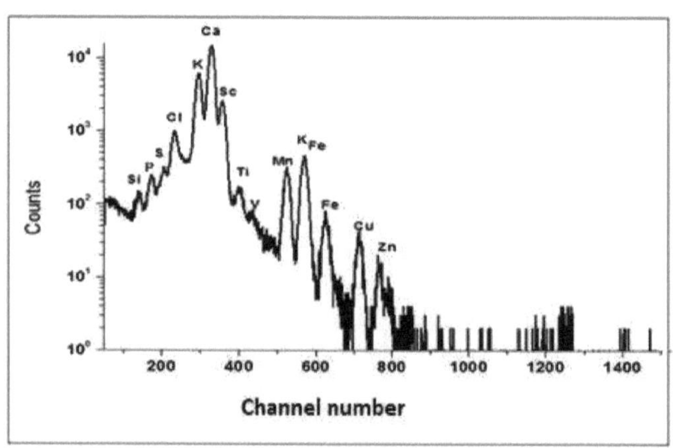

Fig.4.3 Espectro PIXE da fibra IFS

QUADRO 4.1. Concentração de elementos na fibra IFS

Elementos	Concentração (ppm)
Si	2816 ± 0.06
P	1381 ± 574
S	21813 ± 1062
Cl	19550 ± 742
K	419310 ± 488
Ca	256665 ± 2408
Sc	363210 ± 423
Ti	42 ± 09
V	4155 ± 672
Mn	2052 ± 962

Fe	1034 ± 96
Cu	241 ± 72
Zn	18 ± 8.6

"Concentração, 1%=10.000 ppm=10 mg/g, 1 mg/kg=1 ppm

4.5 Conclusões

A análise PIXE é um método útil para a análise multielementos numa grande variedade de contextos, incluindo, entre outros, a química, a biologia, a arqueologia, a agricultura, a ciência dos materiais, a ciência das pescas, a geologia, a petrologia, o estudo ambiental, a monitorização da contaminação, a pesquisa de recursos, os semicondutores, os metais, a astrofísica, as ciências da terra, a ciência forense e a alimentação. São apresentados os fundamentos teóricos da análise PIXE com vários mecanismos de ionização de electrões tendo em conta a velocidade do projétil. É discutida a fórmula para calcular a concentração de vários elementos considerando um elemento padrão. Foram encontradas concentrações máximas de K, Ca e Sc na fibra IFS de acordo com o espetro PIXE da fibra sólida.

REFERÊNCIAS

1. Johansson SA e Johansson TB. 1976. Analytical application of particle induced X-ray emission, *Nuclear Instruments and Methods*, **137**(3): 473-516.

2. Johansson TB, Akselsson R e Johansson SA. 1970. X-ray analysis: Elemental trace analysis at the 10^{-12} g level, *Nuclear Instruments and Methods*, **84**(1):141-143.

3. Joseph D. 2010. Caracterização de algumas pedras preciosas por técnicas de emissão de raios X (EDXRF e PIXE externo), *International Journal of PIXE*, **20**(03n04):127-134.

4. Campbell JL, Hopman TL, Maxwell JA e Nejedly Z. 2000. The Guelph PIXE software package III: alternative proton database, *Nuclear Instruments and Methods in Physics Research Section B: Beam Interactions with Materials and Atoms*, **170**(1-2):193-204.

5. Shariff A, Bulow K, Elfman M, Kristiansson P, Malmqvist K e Pallon J. 2002. Calibration of a new chamber using GUPIX software package for PIXE analysis, *Nuclear Instruments and Methods in Physics Research Section B: Beam Interactions with Materials and Atoms*, **189**(1-4):131-137.

6. Sommer F e Massonnet B. 1987. PIXE analysis of cystic fibrosis sweat samples with an external proton beam, *Nuclear Instruments and Methods in Physics Research Section B: Beam Interactions with Materials and Atoms*, **22**(1-3):201-204.

7. Salamanca MO, Gómez-Tubío B, Ortega-Feliu I, Respaldiza MÁ, de la Bandera ML, Zappino GO e Gómez-Morón A. 2006. Espectrometria PIXE de feixe externo para o estudo da joalharia púnica (SW de Espanha): A proveniência geográfica do ouro com paládio. *Nuclear Instruments and Methods in Physics Research Section B: Beam Interactions with Materials and Atoms*, **249**(1-2):622-627.

8. Potocek V. 1988. The application of PIXE analysis in aeroecology, *Isotopenpraxis Isotopes in Environmental and Health*

*Studies,***24**(7):291-293

9. Nayak PK, Rautray TR. E Vijayan V. 2006. External proton-induced X-ray emission: A simple method for multi-elemental analysis of water, *Indian Journal of Chemistry,***45A**: 2233-2237.

10.Nagashima S, Kato M, Kotani T, Morito K, Miyazawa M, Kondo J, Yoshimura S. Sasa, Y e Uda M. 1996. Application of the external PIXE analysis to ancient Egyptian objects, *Nuclear Instruments and Methods in Physics Research Section B: Beam Interactions with Materials and Atoms,* **109**:658-661.

11.Joseph D. 2010. Caracterização de algumas pedras preciosas por técnicas de emissão de raios X (EDXRF e PIXE externo), *International Journal of PIXE*, **20**(03n04):127-134.

12.Brenner M, Lill-a2 JO, Strom M e Tunander P. 2004. PIXE analyses of pigments in eighteenth-century furniture and interior painting, *Studies in Conservation*, **49**(2):99-106.

Capítulo 5

Análise XRD

- **Introdução**
- **Amostragem**
- **Experimental**
- **Resultados e discussão**

5.1 Introdução e fundamentação teórica da XRD

A difração de raios X é fundamentalmente um fenómeno de dispersão. Os feixes difractados são classificados como um feixe de numerosos raios X dispersos que se reforçam mutuamente. Quando um feixe de raios X incide paralelamente ou perpendicularmente à amostra, interage com os electrões no interior da amostra. Os electrões oscilam devido ao impacto dos raios X e transformam-se em fontes secundárias de radiação electromagnética. Estes electrões provocam a dispersão dos raios X sem alterar o seu comprimento de onda, resultando em picos difractados de contraste que variam em largura e intensidade, dependendo do ângulo de dispersão. Quando os raios X são dispersos por electrões em diferentes ângulos, os materiais cristalinos geram picos nítidos, enquanto os materiais semicristalinos/amorfos geram picos largos. A informação sobre a disposição estatística dos átomos na vizinhança de outro átomo pode ser obtida a partir dos picos de difração de materiais semicristalinos[1].

Os polímeros não têm uma estrutura cristalina bem ordenada e não são completamente cristalinos. Possuem uma natureza tanto cristalina como amorfa. Como resultado, os seus padrões de difração de raios X são uma combinação de padrões nítidos e difusos [2]. Os picos do feixe disperso estão correlacionados com o ângulo de incidência, que é recíproco ao ângulo de dispersão. Esta dispersão produz um feixe difractado apenas quando são cumpridos requisitos geométricos específicos. Esta ligação é representada pela lei de Bragg, enquanto a diferença de trajetória é indicada por um múltiplo integral do comprimento de onda (λ). De acordo com a lei de Bragg, a distância (d) entre planos sucessivos de átomos semelhantes num cristal é expressa como

$$n\lambda = 2d \sin \theta \tag{5.1}$$

θ é o ângulo de incidência (o ângulo entre o raio incidente e o plano de dispersão), e n é um número inteiro. A informação sobre a estrutura cristalina e o espaçamento interplanar pode ser obtida através da lei de Bragg e da intensidade dos picos. Apenas os cristalitos cujos planos de Bragg estão a um ângulo θ para o ângulo de incidência difractarão a 2θ para o raio incidente (ou a um ângulo θ para os planos difractores).

Em comparação com as fibras não orientadas, as fibras orientadas (cujos eixos são paralelos ou perpendiculares aos eixos cristalográficos) fornecem mais informações sobre o padrão de difração da fibra. Uma certa quantidade de energia é armazenada através de flexão, estiramento e outras distorções da rede quando um material cristalino está sob tensão. Por isso, a estrutura cristalina alinhada proporciona grande resistência e pouco alongamento na direção do eixo da fibra [3].

5.1.1 Grau de cristalinidade do polímero

O XRD revela a natureza cristalina ou amorfa dos materiais. Um pico largo no padrão de XRD indica a natureza amorfa, enquanto que um pico acentuado indica a natureza cristalina. O padrão de XRD de um material parcialmente cristalino é uma combinação de picos cristalinos e amorfos. O grau de ordem estrutural em materiais poliméricos é referido como cristalinidade. Os polímeros são caracterizados como polímeros cristalinos com um grau específico de cristalinidade, enquanto os polímeros amorfos não possuem qualquer grau de cristalinidade com base na disposição das cadeias moleculares.

Esta é uma das propriedades essenciais dos polímeros porque a cristalinidade dos polímeros determina as suas qualidades físicas, tais como a resistência, a rigidez, a fragilidade, a densidade, a temperatura de fusão e a opacidade. A expressão seguinte pode ser utilizada para determinar a percentagem de cristalinidade do material.

$$X_C = \left(\frac{0.24}{\beta}\right)^3 \tag{5.2}$$

X_C é o grau de cristalinidade, e β é a largura total em meios máximos (FWHM) para o pico em causa.

5.1.2 Tamanho dos cristais do polímero

As partículas de um material podem ter a forma de um único cristal ou de um grupo de cristais. Normalmente, o tamanho da partícula é maior do que o tamanho do cristalito. O tamanho do cristal mais pequeno de uma partícula é designado por tamanho do cristalito. A expressão de Debye-Scherrer pode ser utilizada para determinar o tamanho do cristalito (D).

$$D = \frac{K\lambda}{\beta \cos\theta} \tag{5.3}$$

Onde D é o tamanho do cristalito medido em nanómetros (nm), β é o FWHM (full-width half maxima). O fator 57,3 é utilizado para converter o valor de β de graus para radianos. K é o fator de forma, cujo valor é escolhido como 0,9. θ é o ângulo de Braggs, e λ é o comprimento de onda do CuKα (1.54060Å).

5.1.3 Índice de cristalinidade da celulose

A celulose, a hemicelulose e a lignina são os três principais componentes da fibra vegetal. A celulose é o principal componente da fibra vegetal natural e existe nas fases amorfa e cristalina. A fase amorfa da celulose, conhecida como celulose I_αé caracterizada pelo plano cristalográfico 101 com 2θ em torno de 15°. A fase cristalográfica da celulose, conhecida como celulose I_βé caracterizada pelo plano cristalográfico 200 com 2θ em torno de 22° [4]. Os grupos -OH nas macromoléculas da celulose conferem a sua estrutura cristalina. As ligações de hidrogénio intramoleculares e intermoleculares são criadas quando os grupos -OH interagem uns com os outros. O índice de cristalinidade tem sido usado para descrever a quantidade de material cristalino da celulose [5].

O índice de cristalinidade da fibra de celulose é estimado com base no padrão de difração de raios X, utilizando a seguinte expressão

$$I_C(\%) = \frac{I - I_{am}}{I} \times 100 \qquad (5.4)$$

Onde I é a área total (cristalina e amorfa) sob a curva de difração, e I_{am} é a área do halo amorfo medida diretamente a partir do padrão de difração de raios X (Mallick et al., 2015). O cálculo do índice de cristalinidade é apresentado na Fig.5.1.

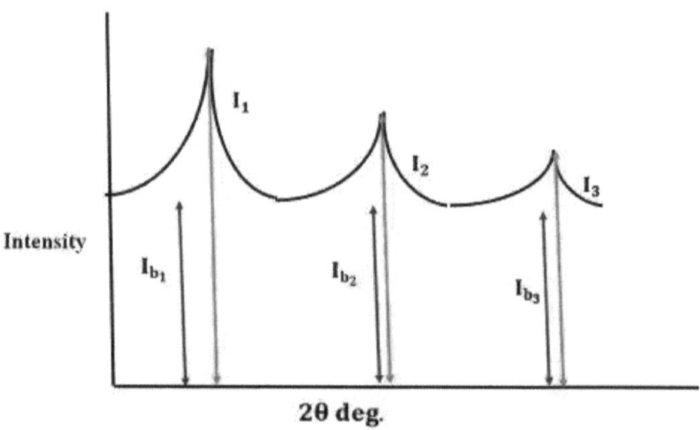

Fig.5. Espectro de XRD para cálculo do índice de cristalinidade da celulose

$$crystallinityindex = \frac{I_1 + I_2 + I_3 - \left(I_{b1} + I_{b2} + I_{b3}\right)}{I_1 + I_2 + I_3} \qquad (5.5)$$

$I_1 + I_2 + I_3$ é a área total sob a curva de difração e $I_{b1} + I_{b2} + I_{b3}$ é a área sob o halo amorfo.

5.1.4 Ângulo azimutal do polímero(α)

A desorientação molecular das moléculas de polímero é descrita pelo ângulo azimutal. Quanto maior o ângulo azimutal, maior a desorientação da molécula, e vice-versa. A seguinte expressão é utilizada para obter o ângulo azimutal α [6].

$$\alpha = \frac{FWHM}{2} \qquad (5.6$$

5.1.5 Ângulo da hélice (ϕ)

A hélice é uma curva suave num espaço tridimensional que satisfaz a condição de que a tangente à curva em qualquer ponto faz um ângulo constante com a linha fixa chamada eixo helicoidal. A superfície da fibra apresenta uma estrutura helicoidal. A difração de raios X em fibras é a principal ferramenta para determinar a estrutura tridimensional das moléculas helicoidais.   A expressão (5.7) pode ser utilizada para determinar o ângulo de hélice

$$\phi = \alpha \cos \theta \tag{5.7}$$

Onde ϕ é o ângulo de hélice, α é o ângulo azimutal, e θ é o ângulo de Braggs.

5.1.6 Micro-deformação (ε)

O desenvolvimento de micro-deformações provoca o deslocamento do pico e a alteração da intensidade devido à interação molecular entre o plasma frio e a fibra IFS. d_u e d_s indicam o espaçamento interplanar na fibra IFS não tratada (não esticada) e na fibra IFS tratada com plasma (esticada). A micro-deformação é calculada utilizando a expressão

$$\varepsilon = \frac{\delta d}{d_u} \tag{5.8}$$

Onde $\delta d = d_s - d_u$. A micro deformação é determinada numa direção normal ao plano de difração[6]. Se $d_s > d_u$ então $\frac{\delta d}{d_u}$ é positivo, indicando tensão de tração, e se $d_s < d_u$, então $\frac{\delta d}{d_u}$ é negativo, mostrando que a superfície da fibra adquiriu tensão de compressão. A microdeformação também pode ser avaliada a partir dos valores de FWHM (β) utilizando a seguinte expressão

$$\in = \frac{\beta}{4\tan\theta} \qquad\qquad (5.9)$$

5.2 Amostragem

Para o estudo de XRD, as amostras de fibras (virgens, pristinas e tratadas com plasma frio) e os compósitos foram montados num tipo especial de suporte de fibras para manter o comprimento, a largura e a espessura uniformes, como se mostra na Fig.5.2.

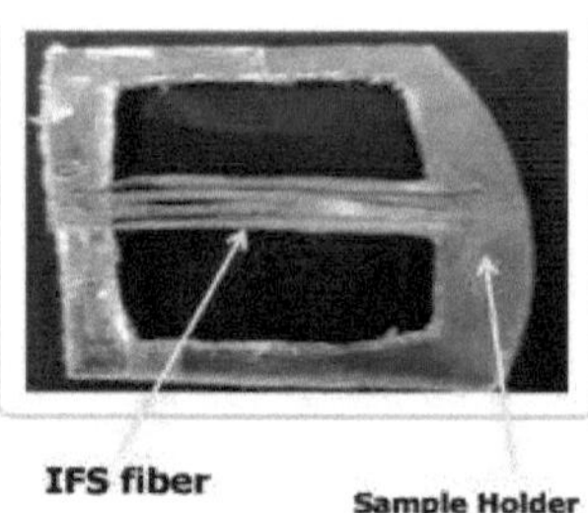

Fig.5.2. Suporte de amostras para análise XRD

5.3 Experimental

Os padrões de difração de raios X (Rigaku Ultima-IV) das amostras dispostas num tipo especial de suporte de fibra (para gerar uma amostra plana de comprimento, largura e espessura consonantes) foram documentados a partir do ângulo de Bragg $10^0$to 80^0 à temperatura ambiente de 28^0 C com um tamanho de passo de 0.02^0. A difração de raios X foi realizada com o eixo da fibra perpendicular e paralelo à direção do feixe. A radiação de CuK_α de um tubo de raios X de 40 kV foi utilizada para captar o padrão de difração.

5.4 Resultados e discussão

Existe um interesse considerável na utilização de fibras naturais de fontes renováveis e ambientalmente sustentáveis (em vez dos reforços sintéticos) atualmente utilizados em compósitos verdes naturais. Este capítulo aborda a interpretação dos espectros de difração de raios X para o caule virgem, a fibra IFS virgem, a fibra IFS tratada com plasma frio de azoto/ar, a matriz PLA virgem e os compósitos de PLA reforçados com fibra IFS virgem e tratada com plasma. Os espectros XRD são utilizados para analisar a forma como o azoto e o plasma de ar frio afectam a fibra IFS virgem. É feita uma investigação mais aprofundada sobre a interação molecular entre o plasma e a fibra virgem IFS utilizando os espectros XRD. Foram avaliadas várias caraterísticas dos espectros XRD, incluindo contagens de intensidade (I), FWHM (β)espaçamento interplanar (d), ângulo azimutal ($\alpha = \frac{FWHM}{2}$)ângulo azimutal, ângulo de hélice ($\phi = \alpha \cos \theta$), microstrain ($\varepsilon = \frac{\delta d}{d_u}$), o tamanho dos cristalitos (D), e a percentagem de cristalinidade (% C).

5.4.1 XRD do caule puro da planta IFS

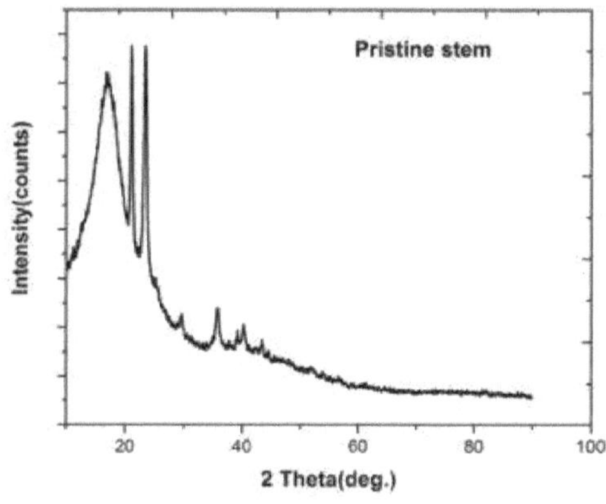

A Fig. 5.3 apresenta o padrão de difração de raios X do caule puro da planta IFS. Contém 31,80±0,48% de celulose, 25,78 ± 0,47% de hemicelulose, 3,73 ± 0,03% de lignina solúvel em ácido e 21,96 ± 0,87 % de lignina insolúvel em ácido (Rout et al.,2022). O XRD do caule pristino na Fig. 5.2 mostra picos acentuados a valores 2θ de $17,07^0$,$21,08^0$, $23,47^0$, $35,84^0$ e $40,39^0$. O pico forte mostra a presença de lenhina a $17,07^0$ [8]. Os outros picos em 21.08^0 , 23.47^0 ,$35.84^{\ 0}$ e 40.39^0 no espetro do caule pristino correspondem à celulose cristalina com planos cristalográficos (200), (120), (311), e (042), respetivamente. A Tabela 5.1 mostra os valores de diferentes parâmetros obtidos a partir do espetro de difração de raios X na Fig. 5.3.

O tamanho do cristalito do caule puro da planta IFS foi estimado a partir do espetro com a ajuda da equação de Scherer, como na expressão 5.3. A FWHM no pico de $17,07^0$ é $3,39^{0,}$ e o tamanho do cristalito neste pico de $17,07^0$ usando a expressão de Scherrer é 2,369 nm. No entanto, no ângulo 2θ $21,08^0$, correspondente à celulose cristalina, o pico torna-se mais nítido, resultando numa diminuição da FWHM para $0,404^0$. A diminuição da FWHM neste pico cristalino de $21,08^0$ aumenta o tamanho dos cristais para 20,001 nm. Da mesma forma, no ângulo 2θ

$23,47^0$, $35,84^0$, e $40,39^0$, FWHM correspondentes são $0,578^0$, $0,630^0$, $1,170^0$, e têm tamanhos de cristalito de 14,037nm, 13,253nm, e 7,234 nm, respetivamente.

QUADRO 5.1. Parâmetros da análise XRD do caule puro da planta IFS

Amostra	2θ em grau	I(contagens)	FWHM(deg.)	d(Å)	Cristal Tamanho(D)em nm
Caule puro sem tratamento com NaOH.	17.07	28929	3.390	5.191	2.369
	21.08	5639	0.404	4.211	20.001
	23.47	10885	0.578	3.786	14.037
	35.84	2276	0.630	2.503	13.253
	40.39	1498	1.170	2.231	7.234

5.4.2 (a) XRD da fibra IFS virgem não tratada (a amostra é montada   perpendicularmente ao feixe de raios X)

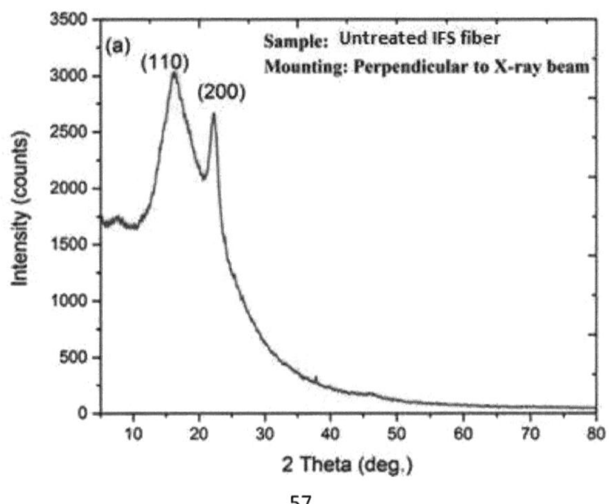

O padrão de difração de raios X da fibra IFS virgem não tratada (fibra montada perpendicularmente ao feixe de raios X) é mostrado na Fig. 5.4 (a). A fibra virgem não tratada é obtida por imersão da haste virgem em solução de NaOH. A fibra IFS virgem (tratada com NaOH) contém $35,87 \pm 0,65\%$ de celulose, $17,77 \pm 0,47\%$ de hemicelulose, $2,47 \pm 0,04\%$ de lignina solúvel em ácido (ASL) e $17,10 \pm 0,66\%$ de lignina insolúvel em ácido (AIL). Dois picos proeminentes em ângulos 2θ de $16,04^0$ e $22,26^0$ [9], que correspondem à celulose amorfa e cristalina, são visíveis no espetro XRD mostrado na Fig. 5.4 (a).

Uma vez que as celuloses são parcialmente cristalinas e parcialmente amorfas, as intensidades dos picos em $16,04^0$ e $22,26^0$ foram utilizadas para calcular a percentagem de celulose cristalina contida na fibra virgem IFS utilizando a expressão (5.4) e foi determinada em 31,7%. A diferença entre a celulose cristalina e amorfa é que a celulose cristalina pode reter ligações H, enquanto a celulose amorfa não pode. Como resultado, vários grupos hidroxilo celulósicos na celulose amorfa são acessíveis para modificação ou ligação com outros grupos.

A equação de Scherer na expressão (5.3) foi utilizada para determinar o tamanho dos cristais na fibra IFS virgem não tratada. O FWHM para a celulose amorfa no pico 16.04^0 é 3.68^0 , e o tamanho cristalino no pico 16.04^0 é 2.178nm. No entanto, o pico torna-se mais nítido no ângulo 2θ $22,26^0$, correspondente à celulose cristalina, resultando numa queda da FWHM para $1,270^0$ e num aumento do tamanho dos cristais para 6,351 nm. O pico amorfo a $16,04^0$ tem um ângulo azimutal e um ângulo de hélice de $1,84^0$ e $1,82^0$, respetivamente, enquanto o pico cristalino a $22,26^0$ tem um ângulo azimutal e um ângulo de hélice de $0,63^0$ e $0,62^0$, respetivamente.

5.4.2 (b) XRD da fibra IFS virgem não tratada (a amostra é montada paralelamente

ao feixe de raios X)

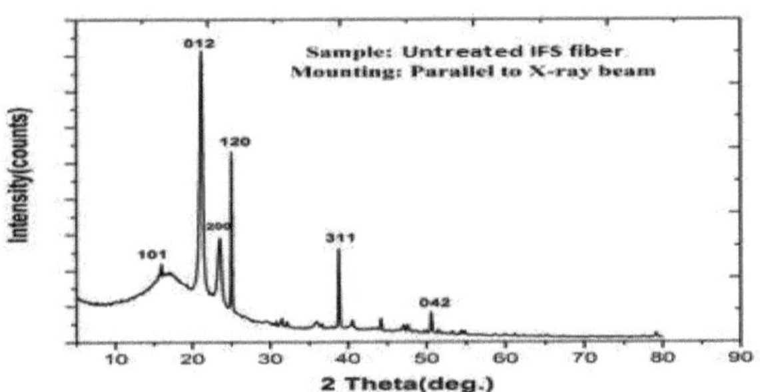

Fig. 5.4 (b). Espectro de XRD da fibra IFS virgem não tratada montada paralelamente ao feixe de raios (amostra B)o

O padrão de difração de raios X da fibra IFS virgem não tratada (B_0) posicionada paralelamente a um feixe de raios X é mostrado na Fig. 5.4(b). O padrão de difração da fibra IFS virgem não tratada mostra um pico difuso largo a $15,89^0$, indicando celulose amorfa com um plano cristalográfico 101. O padrão de difração de B_0 (fibra IFS virgem tratada com álcali) mostra um pico difuso largo a $15,89^0$, substituindo um pico cristalino acentuado a 17.07^0 no espetro XRD da haste virgem (Fig.5.3.). A ausência de um pico acentuado em 17.07^0 na amostra B_0 demonstra a desintegração da lignina devido ao tratamento com NaOH [10]. Devido ao tratamento com NaOH, a % total de lenhina é reduzida para 19,57% na fibra IFS virgem não tratada de 25,69% no caule virgem (Tabela 3.3). Os outros picos em 21.17^0, 23.54^0, 25.04^0, 38.79^0, e 50.58^0 correspondem à celulose cristalina com planos cristalográficos (012), (200), (120), (311), e (042), respetivamente. A estrutura da celulose cristalinaI_β na fibra IFS virgem não tratada é monoclínica com parâmetros de rede a = 7.784Å, b = 8.201Å, c = 10.380Å, $\alpha = \gamma = 90^0$, e $\beta = 95.80^0$ [11-13]. A cristalinidade média da fibra IFS virgem não tratada é obtida como 34,7%. A FWHM e o tamanho dos cristais no pico $15,89^0$ para a celulose amorfa são $0,650^0$ e 12,34 nm, respetivamente. Os picos tornam-se mais nítidos nos ângulos 2θ de $21,17^0$, $23,54^0$, $25,04^0$, $38,79^0$, e $50,58^0$ correspondentes à celulose cristalina, resultando numa queda da FWHM para 0.417^0, 0.543^0, 0.103^0, 0.107^0, 0.107^0 com o tamanho de cristalito correspondente 19.38nm, 14.95nm, 79.00nm, 78.71nm, e 82.11nm respetivamente. O ângulo de hélice (ϕ) para a celulose amorfa no pico $15,89^0$ é de $0,322^0$, enquanto os ângulos de hélice para a celulose cristalina nos ângulos $21,17^0$, $23,54^0$, $25,04^0$ $38,79^0$ e $50,58^0$ são de $0,205^0$, $0,266^0$, $0,050$,^{0} $0,046^0$ e $0,048^0$, respetivamente. O ângulo azimutal (α) nos picos $15,89^0$, $21,17^0$, $23,54^0$, $25,04^0$, $38,79^0$, e $50,58^0$ é de $0,322^0$, $0,209$,^{0} $0,272^0$, $0,052$,^{0} $0,054^0$ e $0,054^0$ respetivamente. A fibra IFS virgem plana não tratada com o suporte de amostras foi montada no goniómetro vertical do difratómetro, tanto paralelamente ao eixo da fibra (como se mostra na Fig. 5.5(b)) como perpendicularmente ao eixo da fibra (Fig. 5.5(a)). Quando o eixo da fibra é posicionado paralelamente ao feixe de raios X, quase todos os átomos dos planos cristalográficos da fibra participam na difração, resultando no desenvolvimento de picos de difração proeminentes devido à interferência construtiva das ondas dos átomos. Assim, são detectados vários picos de difração de todos os planos possíveis, como mostra a Fig. 5.4 (b). Como todos os átomos nos planos cristalográficos da fibra não participam na difração, a dispersão não produz um grande número de picos quando o eixo da fibra é mantido perpendicular à direção de entrada dos raios X, como se mostra na Fig. 5.4 (a).

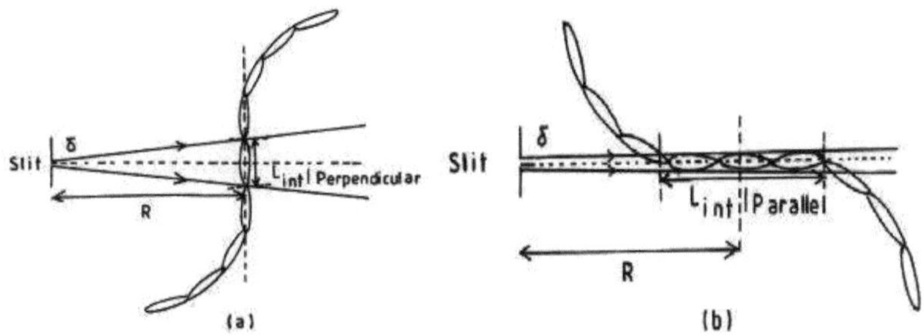

Fig. 5.5.Variação do comprimento de interação com a montagem (a) perpendicular e (b) paralela [14].

" R" na Fig. 5.5 é a distância da fenda de divergência ao centro da amostra de fibra, e L_{int} indica o comprimento de interação. O tamanho estimado dos cristalitos e o índice de cristalinidade são maiores na montagem perpendicular da fibra do que na montagem paralela.

A Tabela 5.2 mostra uma comparação entre o caule puro sem tratamento com NaOH e a fibra virgem após o tratamento com NaOH.

TABELA 5.2: Comparação dos parâmetros dos espectros XRD do caule virgem e da fibra IFS virgem

Amostra	2θ em grau	I(contagens)	FWHM(deg.)	d(Å)
	17.07	28929	3.390	5.191

Caule puro sem tratamento com NaOH (P)	21.08	5639	0.404	4.211
	23.47	10885	0.578	3.786
	35.84	2276	0.630	2.503
	40.39	1498	1.170	2.231
NaOH fibra virgem tratada (B_0)(montagem paralela aos raios X feixe)	15.89	3628	0.650	5.574
	21.17	50050	0.417	4.192
	23.54	16170	0.543	3.775
	25.04	10746	0.103	3.552
	38.79	6428	0.107	2.319
	50.58	1801	0.107	1.803

A Tabela 5.2 e a Fig. 5.3 mostram que a intensidade do pico após a correção de fundo em $17,07^0$ no difractograma do caule virgem é máxima em comparação com outros picos no caule virgem. No entanto, quando o caule puro é tratado com NaOH, o pico é substituído por outro pico em $15,89^0$ com uma intensidade de pico muito reduzida. A intensidade do pico a $21,17^0$ indica que a celulose cristalina é máxima no difractograma da fibra virgem.

5.4.3 XRD da fibra IFS tratada com plasma frio de azoto (N$_2$)

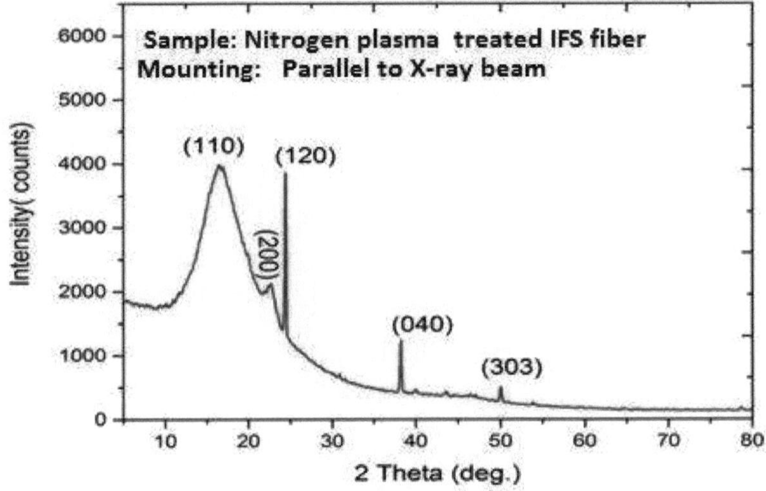

Fig. 5.6. Espectro de XRD da fibra IFS tratada com plasma frio de azoto

O padrão XRD da fibra IFS exposta a plasma frio de azoto a 2 kV durante 3 min de tempo de irradiação é apresentado na Fig. 5.6. Os picos correspondentes são deslocados para 16,40° e 22,72°, respetivamente, no espetro da fibra IFS tratada com plasma frio de azoto, em comparação com 15,89° e 21,17° no espetro XRD da fibra IFS virgem não tratada montada paralelamente ao feixe de raios X (Fig. 5.4(b)). A intensidade do pico cristalino a 22,72° é reduzida em comparação com a intensidade do pico amorfo a 16,40°, como se mostra na Fig. 5.5. A interação molecular entre o plasma frio de azoto e a fibra IFS é indicada pela deslocação dos picos no padrão de XRD na fibra IFS exposta ao plasma. O padrão de XRD da fibra IFS exposta ao plasma frio de azoto apresenta picos adicionais a 24,42°, 38,22° e 50,04°. O tamanho dos cristais na fibra IFS exposta ao plasma a 16,40°, 22,72°, 24,42°, 38,22° e 50,04°, correspondentes aos planos cristalográficos (110), (200), (120), (040) e (303), é de 1,89 e 8,27 nm, 41,76 nm, 38,88nm e 37,91 nm, respetivamente. Isto é corroborado pelo aumento da percentagem de cristalinidade de 31,7% na fibra IFS virgem não tratada para 51,2% na fibra IFS exposta a plasma frio de azoto.

O ângulo azimutal no espetro XRD da fibra exposta ao plasma de azoto a 16,40°, 22,72°, 24,42°, 38,22° e 50,04° é de 2,21°, 0,48°, 0,10°, 0,10° e 0,11°. Do mesmo modo, o ângulo de hélice correspondente(ϕ) da fibra IFS exposta a plasma frio de azoto são $2,20^0$, $0,48^0$, $0,10^0$, $0,10^0$, e $0,10^0$, respetivamente. A alteração do ângulo de hélice e do ângulo de azimute no espetro de XRD da fibra IFS tratada com plasma frio de azoto, em comparação com os ângulos correspondentes no espetro de XRD da fibra IFS virgem não tratada, indica uma mudança na orientação das moléculas em relação ao eixo da fibra.

5.4.4 XRD da fibra IFS tratada com plasma frio de ar (montagem paralela ao feixe de raios X)

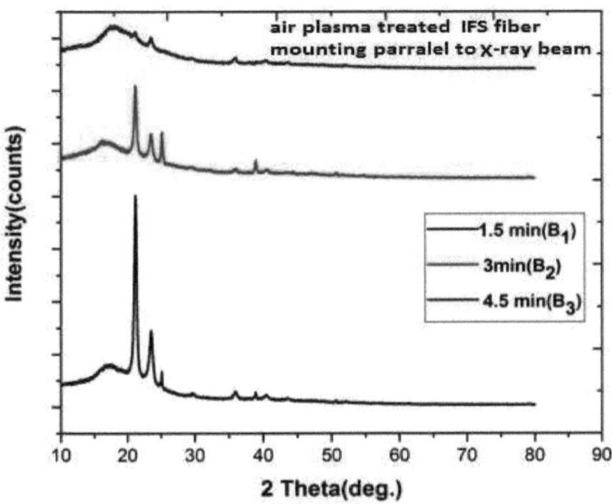

Fig.5.7. Espectro de XRD da fibra IFS tratada com plasma frio de ar montada paralelamente ao feixe de raios X.

Padrões de XRD da amostra B_1 (1.5 min plasma treated), B_2 (3.0 min plasma treated), e B_3 (4.5 min plasma treated) são mostrados na Fig.5.7. A Fig. 5.7 mostra que existe a presença de um pico amorfo largo e de um pico cristalino acentuado para as amostras B_1 e B_2. No entanto, o difractograma da amostra B_3 (fibra exposta ao plasma durante 4,5 min) não contém qualquer pico cristalino acentuado. Isto indica a destruição máxima da cristalinidade da celulose quando a fibra IFS é exposta ao plasma de ar frio durante 4,5 minutos.

O deslocamento e a alteração da intensidade dos picos nos difractogramas são detectados quando a fibra IFS é tratada com plasma de ar frio. O deslocamento dos picos e a alteração da intensidade devem-se ao desenvolvimento de micro-deformações (devido à interação molecular entre o plasma e a fibra IFS) na fibra IFS tratada com plasma de ar. d_u e d_s indicam o espaçamento interplanar na fibra IFS não tratada (não esticada) e na fibra IFS tratada com plasma (esticada), respetivamente. A micro-deformação é calculada utilizando a expressão 5.8, ou seja $\varepsilon = \frac{\delta d}{d_u}, \delta d = d_s - d_u$. A microdeformação para as amostras B_1, B_2, e B_3 são obtidas como 0,290, -0,034, e -0,449, respetivamente. As amostras B_1, B_2, e B_3 expostas à radiação de plasma de ar frio têm valores de percentagem de cristalinidade de 47,2%, 37,3%, e 21,4%, respetivamente. A microdeformação positiva desenvolvida na amostra B_1 (1,5 min de fibra IFS tratada com plasma de ar) em comparação com a fibra IFS virgem não tratada indica a presença de deformação e defeitos. No entanto, a microdeformação negativa desenvolvida em B_2 (3,0 min de fibra IFS tratada com plasma de ar) e B_3 (4,5 min de fibra IFS tratada com plasma de ar) indica a presença de deformação anisotrópica. Diferentes métodos de análise conduzem a diferentes micro-deformações.

TABELA 5.3. Análise de difração de raios X da fibra IFS virgem não tratada e da fibra IFS tratada com plasma frio de ar (montagem paralela ao feixe de raios X) com irradiação de 1,5 min, 3 min e 4,5 min.

Sample	2θ (deg.)	I (count s)	FWHM (deg.)	d(Å)	α (deg.)	Φ (deg.)	$\delta_d = d_s - d_u$	$\varepsilon = \frac{\delta d}{d_u}$	Total strain	D_{hkl} (nm)	$\varepsilon = \frac{\beta}{4\tan\theta}$	%C
Untreated virgin fiber(B₀)	15.89	3628	0.650	5.574 ↑	0.325	0.322	0	0	0	12.34	0.020	34.7
	21.17	50050	0.417	4.192	0.209	0.205	0	0		19.38	0.009	
	23.54	16170	0.543	3.775	0.272	0.266	0	0		14.95	0.011	
	25.04	10746	0.103	3.552 (du)	0.052	0.050	0	0		79.00	0.002	
	38.79	6428	0.107	2.319	0.054	0.046	0	0		78.71	0.001	
	50.58	1801	0.107	1.803 ↓	0.054	0.048	0	0		82.11	0.001	
Plasma treated fiber(B₁) (1.5 min)	17.10	7955	1.800	5.182 ↑	0.900	0.889	-0.392	-0.07000	0.290	4.46	0.052	47.2
	21.18	58252	0.427	4.190	0.214	0.211	-0.002	-0.00040		18.93	0.009	
	23.46	23085	0.490	3.787	0.245	0.239	0.012	0.00317		16.56	0.010	
	25.11	1757	0.073	3.543(ds)	0.037	0.036	-0.009	-0.00250		111.4	0.001	
	35.92	3289	0.568	2.497	0.284	0.270	0.178	0.07600		14.70	0.007	
	38.87	1037	0.194	2.314 ↓	0.097	0.091	0.511	0.28300		43.46	0.002	
Plasma treated fiber (B₂) (3 min)	16.33	8878	2.370	5.420 ↑	1.185	1.172	-0.154	-0.02763	-0.034	3.38	0.072	37.3
	21.18	22827	0.422	4.191	0.211	0.207	-0.001	-0.00024		19.15	0.009	
	23.55	10603	0.547	3.774(ds)	0.273	0.267	-0.001	-0.00026		14.83	0.011	
	25.11	5199	0.260	3.543	0.130	0.127	-0.009	-0.00253		31.30	0.005	
	38.93	2550	0.253	2.311 ↓	0.127	0.119	-0.008	-0.00345		33.30	0.003	
Plasma treated fiber (B₃) (4.5 min)	17.71	34891	3.640	5.005 ↑	1.820	1.798	-0.569	-0.10200	-0.449	2.21	0.101	21.4
	21.20	5748	0.740	4.187	0.370	0.364	-0.005	-0.00100		10.92	0.017	
	23.50	2755	0.504	3.773(ds)	0.252	0.248	-0.002	-0.00050		16.09	0.010	
	36.00	2311	0.510	2.462 ↓	0.255	0.243	-1.090	-0.30600		16.37	0.006	
	40.38	2328	0.660	2.232	0.330	0309	-0.087	-0.03700		12.82	0.007	

A cristalinidade da amostra B₃ (fibra tratada com 4,5 min de plasma de ar frio) é mínima, indicando uma interação molecular máxima do plasma com a fibra IFS, resultando na quebra das ligações de hidrogénio intra e inter moleculares presentes na fibra virgem não tratada.

A Tabela 5.3 mostra o valor do ângulo de difração (2θ), contagens de intensidade (I), FWHM (β), espaçamento interplanar (d(Å)), ângulo azimutal$(\alpha = \frac{FWHM}{2})$ângulo azimutal, ângulo de hélice$(\phi = \alpha\cos\theta))$, microstrain $(\varepsilon = \frac{\delta d}{d_u})$, $\varepsilon = \frac{\beta}{4\tan\theta}$, o tamanho do cristalito (D) e a percentagem de cristalinidade (%C) em cada pico em forma de tabela. Observa-se na tabela 5.3 que o tamanho médio dos cristalitos diminui quando a fibra é exposta ao plasma de ar frio. O tamanho dos cristalitos é mínimo para a amostra B$_3$onde a fibra IFS é exposta ao plasma de ar frio durante 4,5 minutos.

A microdeformação total numa determinada amostra é obtida somando a microdeformação desenvolvida em cada pico. Os valores de micro-deformação desenvolvidos nas amostras de fibra considerando os valores de FWHM são 0,081, 0,1 e 0,141 para B$_1$, B$_2$ e B$_3$ respetivamente. Os valores positivos de micro-deformação mostram a presença de deformação e defeitos em todas as fibras IFS tratadas com plasma.

5.4.5 XRD do PLA puro

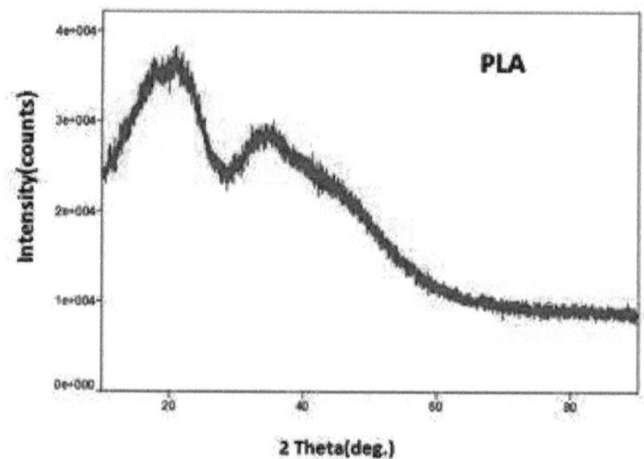

Figura 5.8: Espectro de XRD do PLA puro

O espetro de XRD do PLA imaculado é apresentado na Fig. 5.8. Distingue-se por um pico largo de cerca de 18^0 com um FWHM de 13^0 . Pensa-se que a forma amorfa do PLA causa o alargamento do pico [15]. O PLA tem um pico alargado, um FWHM elevado e uma natureza amorfa devido ao seu pequeno tamanho de cristalito de 0,339 nm a 18^0 .

5.4.6 XRD da matriz PLA/ 5%wt de compósito de fibra IFS não tratada (C)$_0$

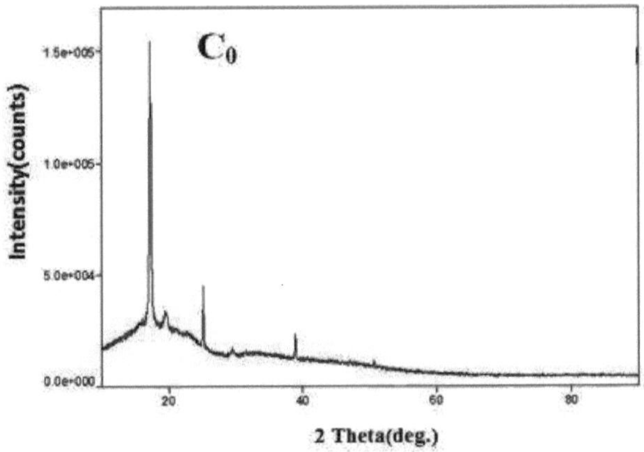

Fig. 5.9: Espectro XRD do compósito PLA/ 5% wt de fibra IFS virgem não tratada

O espetro XRD da amostra composta de PLA moldado por injeção e 5%wt de fibra IFS virgem não tratada é mostrado na Fig.5.9. Uma mistura de picos largos e agudos aparece no padrão XRD em torno de 17,29° com 0,27^0 FWHM. O pico agudo é a caraterística da celulose presente na fibra IFS virgem não irradiada, e a região larga é a caraterística do PLA. A modulação do pico largo e amorfo em 18^0 no difractograma do PLA para uma mistura de picos largos e cristalinos em torno de 17,29° no difractograma do compósito PLA/fibra IFS virgem não tratada indica a interação molecular entre a fibra IFS e o PLA. Outros picos cristalinos são observados em valores 2θ de 23,34^0 ,25,20^0 , e 38,94^0 com 1,410^0 ,0,152^0 , e 0,139^0 FWHM, respetivamente. O tamanho do cristal (D) nos picos 17.29°, 23.34^0 ,25.20^0 , e 38.94^0 são 29.54nm, 5.75nm, 53.55nm, e

60.61nm. Os ângulos azimutais correspondentes (α) são $0,136^0$, $0,705^0$, $0,076^0$, $0,069^0$, e os ângulos de hélice (ϕ) são $0,134^0$, $0,690^0$. $0,074^0$ e $0,065^0$, respetivamente. A orientação da fibra IFS no PLA é indicada pela mudança no valor do ângulo de azimute e do ângulo de hélice em comparação com o PLA puro.

5.4.7 XRD do compósito de fibra IFS tratado com plasma de ar PLA/1,5 min (C)$_1$

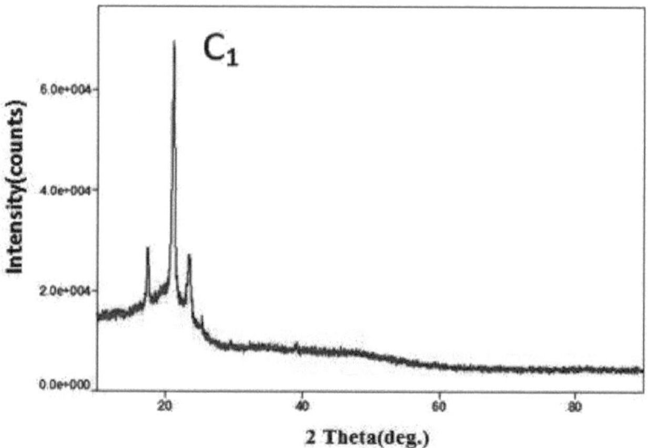

Figura 5.10: Espectro XRD do compósito PLA/fibra IFS tratada com plasma de ar durante 1,5 min

A Fig. 5.10 mostra o espetro XRD do compósito utilizando PLA como matriz e 5% em peso de fibra IFS tratada com plasma de ar de 1,5 min. Ao contrário do espetro de PLA/fibra IF não tratada, o espetro XRD na Fig. 5.10 é caracterizado por picos acentuados a 17,38°, 21,14°, 23,50°

e 25,38°. O pico acentuado a $17,29^0$ na Fig. 5.9 é substituído pelo pico acentuado a $21,14^0$ na Fig. 5.10. A intensidade do pico a $17,38^0$ é reduzida, como se observa na Fig. 5.10, indicando celulose amorfa e cristalina na amostra composta C_1 . O tamanho dos cristais a 17,38°, 21,14°, 23,50° e 25,38° é de 23,29 nm, 18,16 nm, 13,19 nm e 40,71 nm, respetivamente, correspondendo a $0,345^0$, $0,445^0$, $0,615^0$, $0,200^0$ FWHM. Os ângulos azimutais (α) nos picos 17,38°, $21,14^0$,$23,50^0$, e $25,38^0$ são $0,172^0$, $0,222^0$, $0,307^0$, $0,100^0$, e os ângulos de hélice (ϕ) são $0,170^0$, $0,218^0$. 0.301^0 , 0.097^0 respetivamente. A interação molecular entre a matriz de PLA e a fibra IFS tratada com plasma durante 1,5 minutos é demonstrada pelo aparecimento de dois picos distintos, pelo deslocamento dos picos e pela alteração do azimute e do ângulo de hélice.

5.4.8 XRD do compósito de fibra IFS tratado com plasma de ar PLA/3 min (C)$_2$

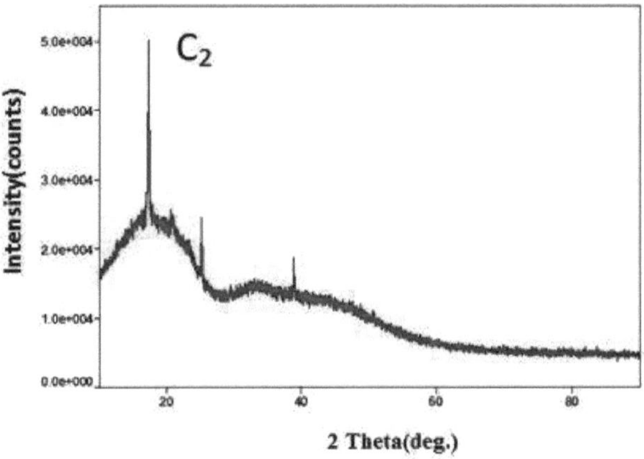

Fig.5.11. Espectro XRD de compósitos de fibra IFS tratados com plasma de ar PLA/3 min

TABELA 5.4. Parâmetros XRD das amostras de compósito PLA/fibra IFS

Amostras	2θ (em graus)	I_{int} (conta)	FWHM (em graus)	d(Å)	α (em graus)	ϕ (em graus)	D_{hkl} (nm)
C_0 (PLA/5% wt de fibra IFS virgem não tratada)	17.29	31106	0.272	5.124	0.136	0.134	29.54
	23.34	1618	1.410	3.809	0.705	0.690	5.75
	25.20	3740	0.152	3.530	0.076	0.074	53.55
	38.94	1567	0.139	2.310	0.069	0.065	60.61
C_1 (PLA/ fibra IFS tratada com plasma de ar durante 1,5 min)	17.38	2814	0.345	5.097	0.172	0.170	23.29
	21.14	21291	0.445	4.198	0.222	0.218	18.16
	23.50	7276	0.615	3.781	0.307	0.301	13.19
	25.38	688	0.200	3.505	0.100	0.097	40.71
C_2 (PLA/fibra	17.28	4794	0.160	5.127	0.080	0.079	50.22

IFS tratada com plasma de ar durante 3,0 min)	25.17	1180	0.094	3.534	0.047	0.045	86.59
	38.94	682	0.085	2.310	0.042	0.040	99.13
C$_3$ (PLA/ fibra IFS tratada com plasma de ar durante 4,5 min)	17.32	36533	0.242	5.114	0.121	0.119	33.20
	23.23	5310	1.740	3.826	0.870	0.852	4.66

A Fig. 5.11 mostra o espetro XRD do compósito utilizando PLA como matriz e 5% em peso de fibra IFS irradiada com plasma de ar durante 3 minutos. Três picos distintos a 17,28°,25,17°, e 38,94^0 são notados no difractograma. A ausência de um pico cristalino a 21,14^0 , como na Fig. 5.10, mostra a destruição da celulose cristalina devido ao tratamento com plasma de 3,0 min. O tamanho dos cristais da amostra composta C$_2$ a 17,28°, 25,17° e 38,94^0 é de 50,22 nm, 86,59 nm e 99,13nm, respetivamente, correspondendo a 0,160^0 , 0,094^0 e 0,085^0 FWHM. O ângulo azimutal (α) nos picos 17.28°, 25.17^0 , e 38.94^0 são 0.080^0 , 0.047^0 , e 0.042^0 , e o ângulo de hélice (ϕ) são 0.079^0 , 0.045^0 ,0.040^0 respetivamente.

5.4.9 XRD do compósito de fibra IFS tratado com plasma de ar PLA/4,5 min

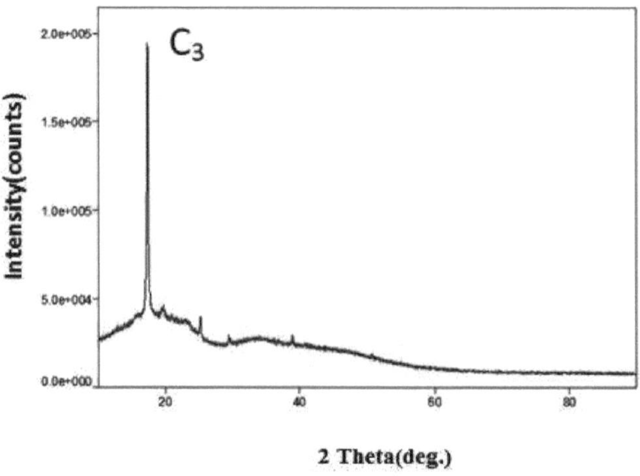

Fig. 5.12. Espectro XRD do compósito de fibra IFS tratado com plasma de ar PLA/4,5 min

A Fig. 5.12 mostra o espetro XRD do compósito utilizando PLA como matriz e 5% em peso de compósitos de fibra IFS tratados com plasma de ar durante 4,5 minutos. Mais uma vez, o desaparecimento do pico cristalino a $21,14^0$ na Fig. 5.12 ilustra como o tratamento com plasma de 4,5 min destruiu a celulose cristalina. Os parâmetros detalhados obtidos a partir da análise dos espectros XRD das amostras compósitas C_0 , C_1 , C_2 , e C_3 são apresentados na tabela 5.4.

5.4.10 Conclusões

O pico forte mostrou a presença de lenhina no caule primitivo a $17,07^0$. Adicionalmente, a presença de celulose cristalina foi detectada no caule virgem pela presença de picos a $21,080^0$,$23,473^0$ no espetro do caule virgem correspondente à celulose cristalina com planos cristalográficos (200) e (120), respetivamente. Os espectros de XRD da fibra IFS virgem tratada quimicamente revelaram picos mais distintos quando a fibra IFS foi montada paralelamente à direção do feixe de raios X. Quando o eixo da fibra é posicionado paralelamente ao feixe de raios X, quase todos os átomos dos planos cristalográficos da fibra participam na difração, resultando no desenvolvimento de picos de difração proeminentes devido à interferência construtiva das ondas dos átomos. A ausência de um pico acentuado em 17.07^0 no espetro da fibra virgem tratada quimicamente demonstra claramente a desintegração da lignina devido ao tratamento com NaOH. O XRD da fibra IFS irradiada com plasma frio de azoto durante 3,0 minutos mostra a presença distinta de celulose cristalina e amorfa com a intensidade diminuída do pico cristalino em comparação com a intensidade do pico amorfo. A presença de um pico amorfo largo (cerca de 17^0) e de um pico cristalino acentuado (cerca de 21^0) com maior intensidade do pico cristalino da celulose foi detectada nos espectros de XRD da fibra IFS irradiada com plasma de ar frio durante 1,5 min e 3,0 min. No entanto, o difractograma da fibra IFS exposta ao plasma durante 4,5 minutos não contém qualquer pico cristalino acentuado, indicando a destruição máxima da cristalinidade da celulose quando a fibra IFS é exposta ao plasma de ar frio durante 4,5 minutos. A micro-deformação desenvolvida na fibra IFS irradiada com plasma de ar, resultando na deslocação do pico e na alteração da intensidade, foi analisada eficazmente. Um pico largo com FWHM elevado e um tamanho de cristalito minúsculo de 0,339 nm a 18^0 no espetro XRD do PLA indica a sua natureza amorfa. O deslocamento e o aparecimento de novos picos, a alteração do tamanho dos cristalitos, o ângulo de hélice e o ângulo de azimute em cada fase confirmam a interação molecular entre a fibra e o plasma e entre a fibra IFS irradiada por plasma e a matriz de PLA. O resultado da análise XRD corrobora a conclusão da análise bio-composicional, onde a percentagem de lenhina é reduzida devido ao tratamento com NaOH.

REFERÊNCIAS

1. Sperling LH. 2001. Introdução à ciência física dos polímeros, *Journal of Chemical Education*, **78**(11): 1469.

2. Parikh DV, Thibodeaux DP e Condon B. 2007. X-ray Crystallinity of Bleached and Crosslinked Cottons, *Textile Research Journal*, **77** (8): 612-616.

3. Bhawarlal P. 1993. Análise de raios X de polímeros selecionados (Dissertação de doutoramento).

4. Rout S, Mallick B, Dash D, Nayak NR e Parida C. 2021. Effect Of vacuum plasma on structure and function of fibers of Ichnocarpus Frutescens, *Radiation Effects and Defects in Solids*, **176**(11-12):1160-1170.

5. Park S, Baker JO, Himmel ME, Parilla PA e Johnson DK. 2010. Cellulose crystallinity index: measurement techniques and their impact on interpreting cellulase performance, *Biotechnology for Biofuels*, **3**(1): 1-10.

6. Mallick B. 2015. Análise de difração de raios X de sólidos poliméricos utilizando a geometria de Bragg-Brentano, *International Journal of Materials Chemistry and Physics*, 1:265-270.

7. Mallick B, Patel T, Behera RC, Sarangi SN, Sahu SN e Choudhury RK. 2006. Microstrain analysis of proton irradiated PET microfiber,

Nuclear Instruments and Methods in Physics Research Section B: Beam Interactions with Materials and Atoms, **248**(2):305-310.

8. Gupta PK, Raghunath SS, Prasanna DV, Venkat P, Shree V, Chithananthan C e Geetha K. 2019. Uma atualização sobre a visão geral da celulose, a sua estrutura e aplicações, *Cellulose*, **201**(9).

9. Dalai S e Parida C. 2022. Interpretação da dispersão dieléctrica Cole-Cole de compósitos verdes de fibra de luffa/PLA modificada por LINAC médico, *Journal of Materials Science: Materiais em Eletrónica*, **33**(9):6911-6925.

10. Rout S, Mallick B, Dash D, Nayak NR e Parida C. 2021. Effect Of vacuum plasma on structure and function of fibers of Ichnocarpus Frutescens, *Radiation Effects and Defects in Solids*, **176**(11-12):1160-1170

11. Atalla RH, e Vanderhart DL. 1984. Native cellulose: a composite of two distinct crystalline forms (Celulose nativa: um composto de duas formas cristalinas distintas), *Science*, **223**(4633): 283-285.

12. Nishiyama Y, Langan P e Chanzy H. 2002. Estrutura cristalina e sistema de ligação de hidrogénio na celulose I_β a partir de difração de raios X de sincrotrão e fibra de neutrões. *Journal of the American Chemical Society*, **124**(31):9074-9082.

13. Nishiyama Y, Sugiyama J, Chanzy H e Langan P. 2003. Crystal structure and hydrogen bonding system in cellulose $I\alpha$ from synchrotron X-ray and neutron fiber diffraction, *Journal of the American Chemical Society*, **125**(47):14300-14306.

14. Mallick B, Behera RC e Patel T. 2005. Analysis of micro stress in neutron irradiated polyester fiber by X-ray diffraction technique, *Bulletin of Materials Science*, **28**(6), 593-598.

15. Hosseinzadeh L, Baedi J e Zak AK. 2014. Análise de alargamento do pico de raios X de ligas nanocristalinas de Fe_{50} Ni_{50} preparadas sob diferentes tempos de moagem e BPR usando o método de plotagem de tensão de tamanho (SSP), *Boletim de Ciência dos Materiais*, **37** (5): 1147-1152.

Capítulo 6

Análise SEM

- **Introdução**
- **Amostragem**
- **Experimental**
- **Resultados e discussão**

6.1 Introdução à microscopia eletrónica de varrimento

Nos últimos anos, a microscopia eletrónica de varrimento (MEV) tem tido um impacto significativo em várias áreas de estudo biológico relacionadas com a fisiologia e a arquitetura das plantas ou com a utilização de fibras vegetais em várias aplicações industriais. Um dos métodos mais adaptáveis para examinar a morfologia das microestruturas e caraterizar o comportamento da superfície é a microscopia eletrónica de varrimento (Fig. 6.0). A MEV utiliza um feixe de electrões em vez de luz para analisar materiais até à escala nanométrica. Quando o feixe de electrões incide sobre a superfície da amostra e interage com os átomos da amostra, são gerados sinais sob a forma de electrões secundários, electrões retrodifundidos e raios X caraterísticos que contêm informações sobre a topografia da superfície da amostra, a composição, a estrutura cristalina e a orientação dos materiais na amostra.

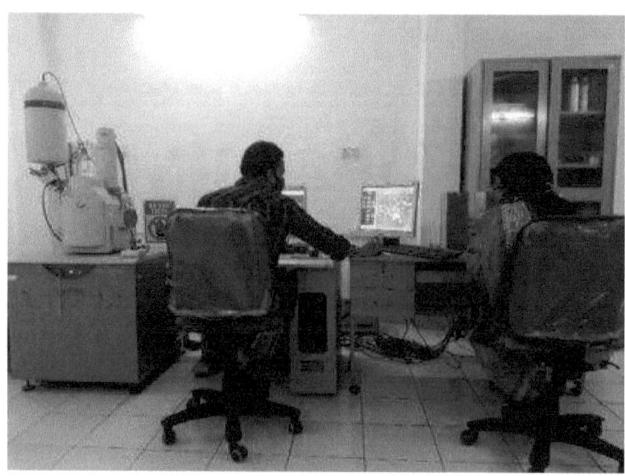

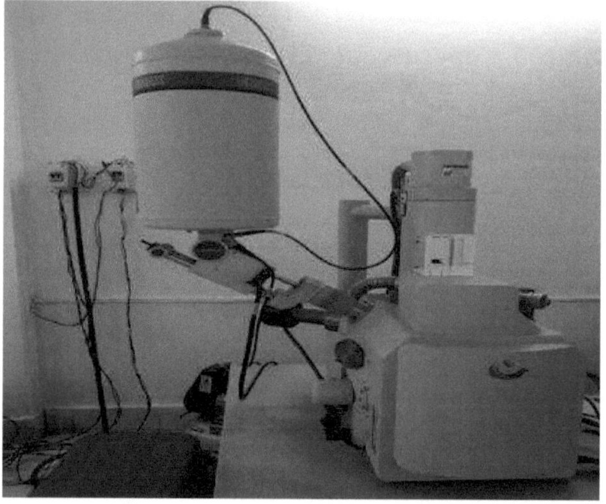

Fig.6.0. Laboratório SEM da OUAT, Bhubaneswar

6.2 Amostragem

A rugosidade da superfície da fibra IFS virgem não tratada, da fibra IFS tratada com plasma frio e das suas amostras compósitas foi examinada utilizando o microscópio eletrónico de varrimento. As amostras foram colocadas dentro da câmara de pulverização iónica e revestidas com ouro durante 40 s de pulverização para evitar o carregamento das amostras durante o varrimento.

6.3 Experimentais

O instrumento Hitachi, S3400N foi utilizado para estudar a análise SEM de amostras não tratadas, tratadas e compostas. O SEM foi configurado com uma tensão de aceleração de 30kV.

6.4 Resultados e discussão

Neste capítulo, a natureza da superfície das amostras de fibra IFS não tratada, tratada com plasma, PLA puro, PLA/ 5% wt de compósito de fibra IFS não tratada, e PLA/compósito de fibra IFS tratada com plasma são estudadas por microscopia eletrónica de varrimento (SEM). O objetivo deste estudo é conhecer as alterações topológicas na superfície da fibra IFS não tratada e da fibra IFS tratada com plasma. O efeito da irradiação de plasma na adesão fibra-matriz também foi estudado usando imagens de MEV.

As imagens SEM das secções transversais das fibras IFS virgens não tratadas são apresentadas na Fig. 6.1. As estruturas das fibras na Fig. 6.1(b,c,d,e) consistem num lúmen central que é rodeado por várias paredes celulares. Observa-se que o tamanho e a forma do lúmen interno, a espessura da parede celular e a forma da secção transversal são todos irregulares. A espessura dos lúmens é irregular, variando de 6µm a 15µm. As estruturas da parede celular são observadas como densas. A Fig. 6.1 (g,h) mostra estruturas fibrosas semelhantes a redes. A Fig. 6.1 (e, f, g) mostra que as fibras têm uma forma plana.

6.4.1 Imagem SEM da fibra IFS virgem não tratada

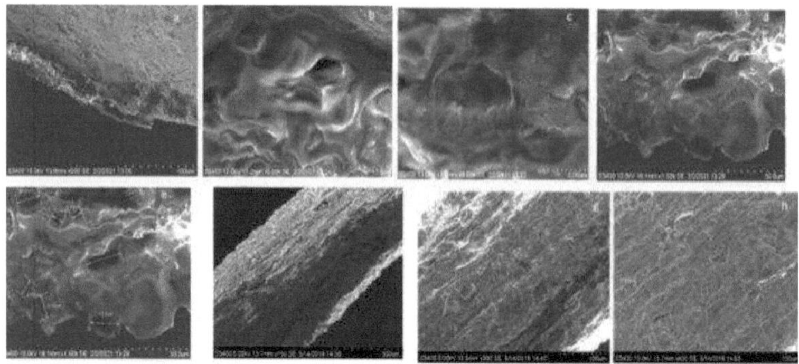

Fig.6.1. SEM da fibra IFS virgem não tratada

6.4.2 Imagem SEM da fibra IFS tratada com plasma de ar durante 1,5 minutos

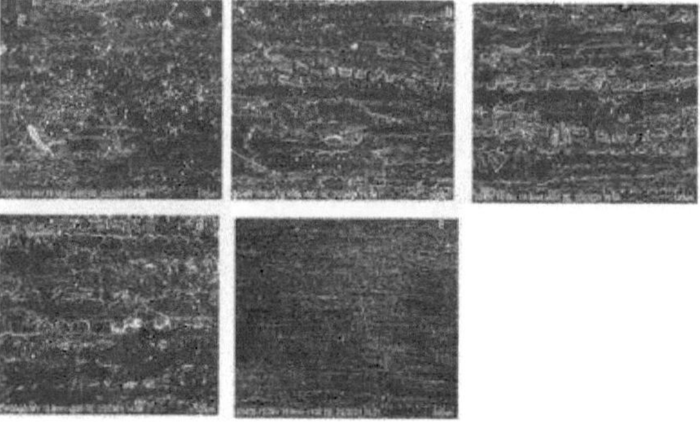

Fig. 6.2. SEM da fibra IFS tratada com plasma de ar durante 1,5 min

As imagens SEM da fibra IFS tratada durante 1,5 minutos são apresentadas na Fig. 6.2. Observa-se que a parede celular secundária é composta por fases claras e escuras, com a fase escura posicionada no meio das fases claras [1]. As paredes celulares das fibras podem ser consideradas como compósitos naturais, e os elementos estruturais brilhantes são provavelmente microfibrilas de celulose cristalina embebidas em áreas de hemicelulose e celulose não cristalina. A cor nas imagens SEM representa a corrente de electrões que é medida no detetor. A fase escura nas imagens SEM significa "sem corrente" e as fases brancas indicam "corrente máxima". O MEV produz um único valor por pixel. Este valor único indica o número de electrões recebidos pelo detetor durante o período de varrimento. A intensidade da luz gerada por uma região com elevado número atómico parece brilhante em relação a uma região com baixo número atómico. Nas regiões cristalinas, os átomos estão dispostos de forma regular. O número de electrões retrodispersos nas regiões cristalinas é maior do que nas regiões semi-cristalinas/amorfas. Observam-se fissuras entre as paredes celulares, geradas devido ao tratamento com plasma. A Fig. 6 (e) mostra as microfibrilhas de celulose geradas devido à desintegração do cristal de celulose. Todas as imagens indicam que a terapia com plasma foi capaz de provocar a fibrilhação ou a separação das fibras. A fibra desintegra-se em feixes de fios minúsculos.

As imagens SEM da fibra IFS tratada durante 3,0 min são apresentadas na Fig. 6.3. A Fig. 6.3 (a) mostra a quebra da fibra e o desenvolvimento de fissuras. A rutura da fibra aumenta com o aumento da duração do tratamento com plasma, como mostra a Fig. 6.3 (b). A rugosidade superficial melhorada da fibra é visível na Fig. 6.3(c). A presença de grão e de limites de grão é notada na Fig. 6.3(a).

A fibrilhação ou separação das fibras atinge o seu pico após 4,5 minutos de tratamento com plasma, como mostra a Fig. 6.4. A aglomeração de fibras fibriladas é observada na Fig. 6.4 (a-d). O diâmetro dos feixes de fibras é aumentado para 69 µm devido à aglomeração de fibras. A aglomeração é aumentada devido ao aumento da reatividade da superfície da fibra após a fibrilhação[1].

6.4.3 Imagens SEM da fibra IFS tratada com plasma de ar durante 3 minutos

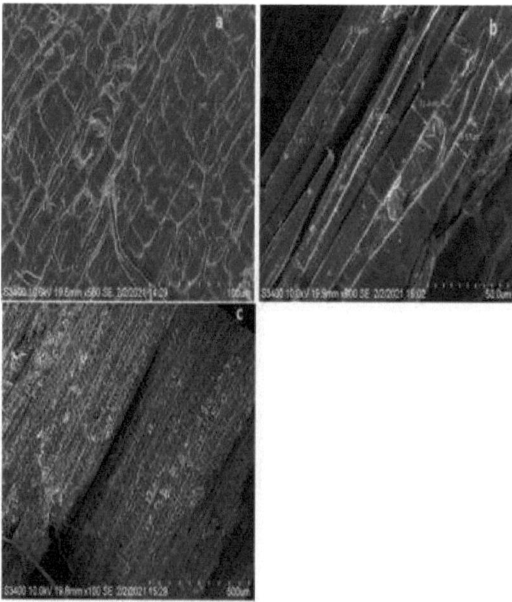

Fig. 6.3. SEM da fibra IFS tratada com plasma de ar durante 3 minutos

6.4.4 Imagem SEM da fibra IFS tratada com plasma de ar durante 4,5 minutos

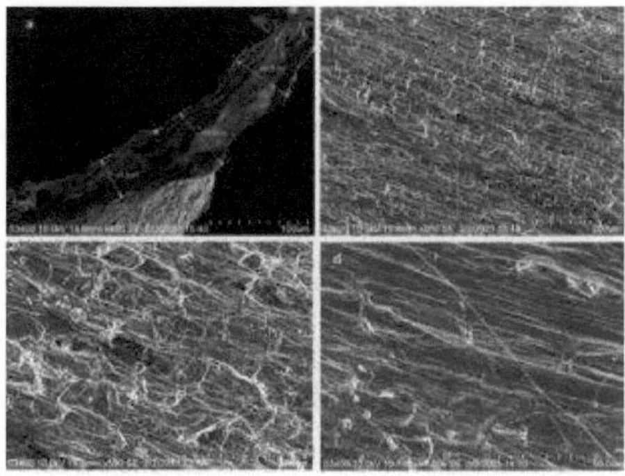

Fig. 6.4. SEM da fibra IFS tratada com plasma de ar durante 4,5 min

6.4.5 SEM do PLA puro

Fig. 6.5: SEM do PLA puro

6.4.6 Imagem SEM do compósito de PLA/5% em peso de fibra IFS não tratada

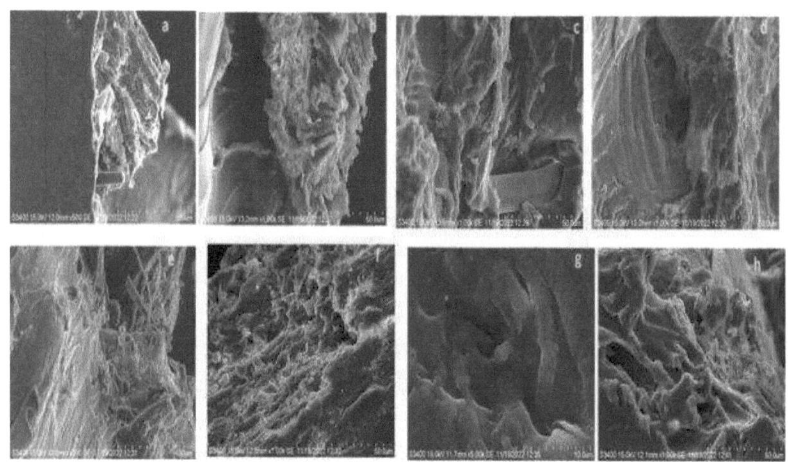

Fig.6.6. SEM do compósito PLA/5% wt de fibra IFS não tratada

As imagens SEM de pellets de PLA moldados por injeção são apresentadas na Fig. 6.5. O PLA é viscoelástico por natureza. As superfícies fracturadas do PLA são frágeis, como na Fig. 6.5. As superfícies lisas indicam a fragilidade das fracturas. A Fig. 6.5 revela a presença de fibrilhas de polímero muito finas e longas. Estas longas fibrilhas de PLA foram produzidas durante o processo de moldagem por injeção. Os pontos esféricos de cor branca como estrutura denotam a presença de bolhas de ar na superfície. Estas bolhas de ar formam-se durante o processo de moldagem por injeção.

As imagens SEM dos compósitos de PLA e fibra IFS não tratada são apresentadas na Fig. 6.6. A Fig. 6.6 (a) revela duas microfibrilas diferentes, uma correspondente às microfibrilas de PLA e a outra às microfibrilas de celulose. As microfibrilas de PLA são lisas e as microfibrilas da fibra IFS são rugosas. A humidificação da fibra na matriz de PLA é observada na Fig. 6.6 (a-h).

86

6.4.7 Imagem SEM do compósito de fibra IFS tratado com plasma de ar PLA/1,5 min

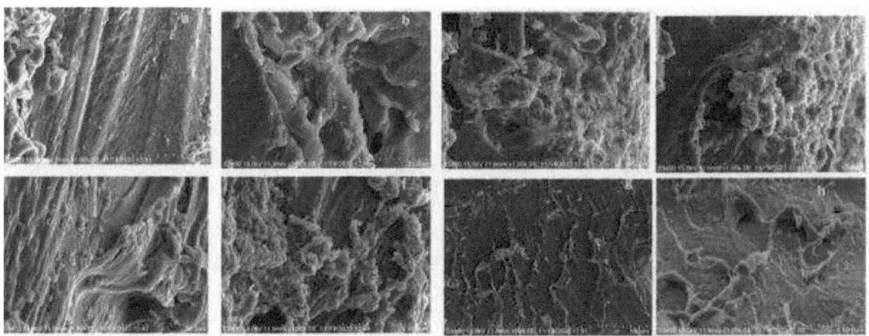

Fig. 6.7. SEM do compósito de fibra IFS tratado com plasma de ar PLA/1,5 min

As imagens SEM de compósitos de PLA e fibra IFS tratada com plasma de ar frio durante 1,5 minutos são apresentadas na Fig. 6.7. Observam-se mais redes fibrilares, indicando a fibrilhação da fibra IFS devido ao tratamento com plasma. A aglomeração de microfibrilhas é observada na Fig. 6.6 (c, d, e). A amostra composta tem porosidade, como se vê na Fig. 6.6(g,h).[2]

6.4.8 Imagem SEM do compósito de fibra IFS tratado com plasma de ar PLA/3 min

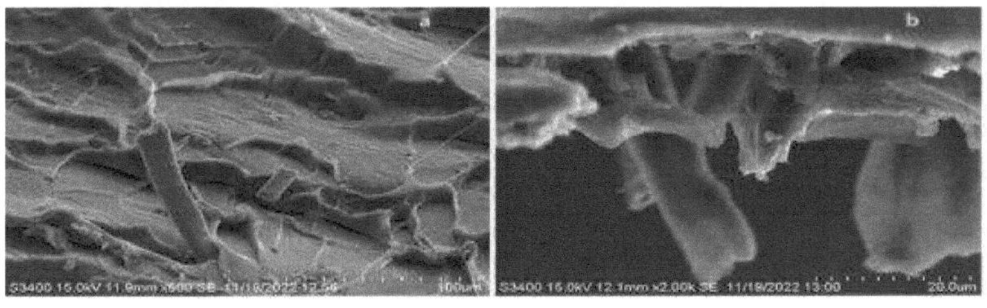

Fig. 6.8. SEM do compósito de fibra IFS tratado com plasma de ar PLA/3,0 min

Quando a fibra IFS é reforçada em PLA após 3,0 minutos de tratamento com plasma, há evidências de maior quebra da fibra e mais fibrilação. A Fig. 6.8 (a, b) também mostra evidências de uma maior aglomeração e de uma melhor adesão da matriz de fibra.

6.4.9 Imagem SEM do compósito de fibra IFS tratado com plasma de ar PLA/4,5 min

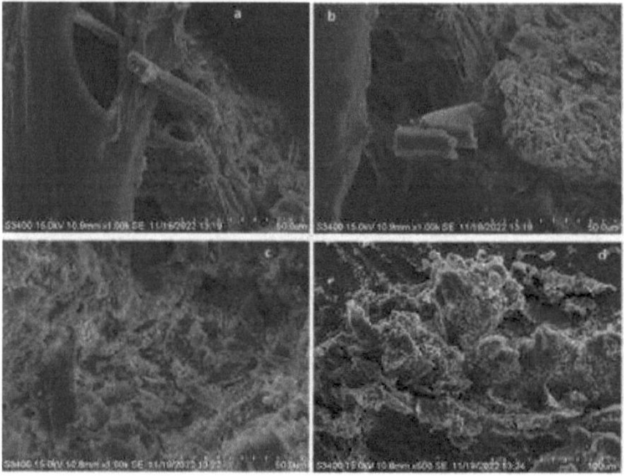

Fig. 6.9. SEM do compósito de fibra IFS tratado com plasma de ar PLA/4,5 min

Como mostra a Fig. 6.9, a quebra das fibras parece ser mais eficiente com uma aglomeração muito maior. A estrutura em forma de rede das microfibrilhas observada na Fig. 6.9 (a, b, c, d) prevê uma elevada resistência e estabilidade dos materiais compósitos[3].

6.4.10 Conclusões

As micrografias SEM mostram irregularidades no tamanho e na forma do lúmen interno, na espessura da parede celular e na forma da secção transversal das microfibrilas. As micrografias SEM das fibras tratadas permitiram ver as alterações provocadas pelo tratamento por plasma na fibra IFS. As micrografias das fibras tratadas com plasma mostram fases claras e escuras correspondentes à celulose cristalina e amorfa. Com o aumento do período de exposição ao plasma, a degradação da fibra também aumentou. Na micrografia dos compósitos, são visíveis duas microfibrilas distintas, uma correspondente a microfibrilas de PLA lisas e a outra a microfibrilas de celulose rugosas. As micrografias SEM dos compósitos mostram a agregação de fibrilas e a aderência da matriz de fibras.

REFERÊNCIAS

1. Rout S, Mallick B e Pardia C. 2019. Análise PIXE e FTIR de fibra sólida polimérica de Ichnocarpus Frutescens, *AIP Conference Proceedings,* **2115**: 030045.

2. Rout, S., Mallick, B., & Parida, C. (2023). Plasma frio como uma abordagem competente para tratar a fibra sólida de Ichnocarpus frutescens: Análise PIXE, XRD, Raman, FT-IR e SEM. *Revista Brasileira de Física, 53*(2), 53.

3. Dalai S e Parida C. 2022. Interpretação da dispersão dieléctrica Cole-Cole de compósitos verdes de fibra de luffa/PLA modificada por LINAC médico, *Journal of Materials Science: Materiais em Eletrónica,* **33**(9):6911-6925.

Capítulo 7

Análise FTIR

- **Introdução**
- **Amostragem**
- **Experimental**
- **Resultados e discussão**

7.1 Introdução

O FTIR tem sido um método de trabalho para a análise de materiais durante quase três décadas. Com picos de absorção que coincidem com a frequência das vibrações entre as ligações dos átomos que constituem o material, serve como uma impressão digital de uma amostra. A radiação infravermelha (IR) não tem energia suficiente para induzir uma transição eletrónica, como acontece com o UV. Apenas as substâncias com diferenças mínimas de energia entre os seus potenciais estados vibracionais e rotacionais podem absorver IR. As vibrações de flexão e alongamento que ocorrem numa molécula devem resultar numa alteração líquida do momento de dipolo da molécula para que esta absorva a IV. A espetroscopia de infravermelhos é um método inovador e não destrutivo para descobrir a composição química de uma amostra. As fibras naturais são constituídas maioritariamente por celulose, que serve como substância de reforço da parede celular. As ligações de hidrogénio na celulose têm sido objeto de um grande número de estudos científicos, com o FTIR a emergir como uma das abordagens mais eficazes. Além disso, o FTIR pode dar aos investigadores mais conhecimentos sobre a super estrutura molecular. O FTIR também pode ser utilizado para determinar as composições químicas das fibras naturais nativas e das fibras naturais modificadas. As ligações de hidrogénio são formadas quando um átomo eletronegativo de outra molécula ou grupo químico interage com um átomo de hidrogénio, resultando numa ligação desejável. Um polímero constituído por uma longa cadeia de unidades de glucopiranose é designado por celulose. A celulose é um polímero de 1-4 ligações $\beta - D$ de glucose, ilustrado na Fig. 7.1.

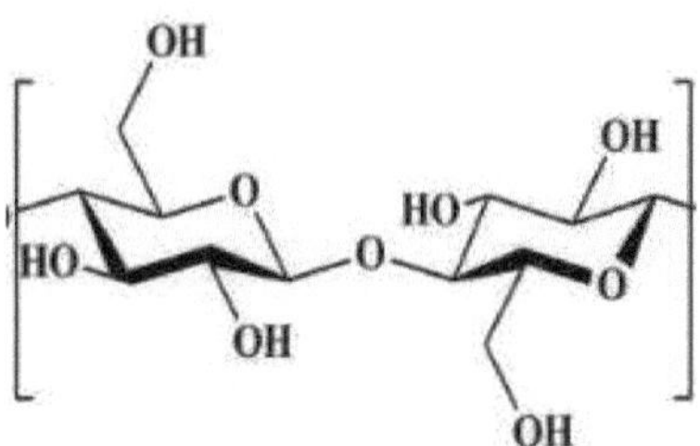

Figura 7.1: Estrutura do polímero de celulose

Os grupos -OH em cada unidade de glucopiranose nas posições C2, C3 e C6 contribuem para as ligações intra e inter moleculares H_2 . O grupo -OH da celulose e o grupo -OH da matriz formam uma ligação H_2 intra-molecular. As propriedades físicas, mecânicas e dieléctricas dos materiais compósitos são afectadas pelas ligações de hidrogénio (intra e intermoleculares).

É útil utilizar a espetroscopia FTIR para monitorizar alterações nas ligações químicas polares. A capacidade da espetroscopia FTIR para reconhecer grupos funcionais como C=O, C-H, N-H, -OH é uma vantagem. A maioria dos produtos químicos apresenta um espetro distintivo facilmente reconhecível. A espetroscopia FTIR permite medir todos os tipos de amostras, incluindo sólidos, líquidos e gases. Os dois tipos de espetroscopia, FTIR e Raman, são bastante diferentes um do outro. A espetroscopia de infravermelhos (IR) baseia-se numa alteração do momento de dipolo de uma molécula, enquanto a espetroscopia Raman se baseia numa alteração da polarizabilidade de uma molécula. Enquanto a espetroscopia de infravermelhos mede as frequências absolutas a que uma amostra absorve a luz, a espetroscopia Raman mede as frequências relativas a que uma amostra dispersa a luz. As ligações polares e as vibrações de grupos funcionais heteronucleares, particularmente o estiramento de OH na água, são ambas detectáveis por espetroscopia FTIR. Por outro lado, as ligações moleculares homo nucleares são detectáveis por Raman. Por exemplo, pode distinguir entre ligações C-C, C=C e C≡C.

As ligações cruzadas ocorrem entre os átomos vizinhos do polímero de celulose da fibra IFS devido à interação molecular que ocorre quando a fibra IFS é exposta ao plasma frio. Durante o processo de ativação, são ligados novos grupos funcionais às superfícies das moléculas da fibra, o que aumenta a reatividade da superfície, melhora as propriedades físicas e químicas da amostra e aumenta consideravelmente a molhabilidade da superfície. Os grupos funcionais são também importantes para afetar o comportamento dielétrico e de impedância dos materiais compósitos verdes que utilizam a fibra IFS como enchimento.

7.2 Amostragem

A fibra (não tratada, tratada com plasma frio) e os compósitos foram cortados em pedaços de 2 cm de comprimento, seguindo-se a montagem da amostra sobre cristal de diamante no aparelho FTIR. Com a técnica de acessório de reflectância total atenuada universal (UATR), não foi necessário granular KBr. Não foi necessário aquecer, prensar ou triturar a amostra para obter espectros.

7.3 Experimentais

A análise FT-IR foi efectuada para detetar a presença de radicais livres e grupos funcionais na fibra virgem e na fibra tratada com plasma frio. A fibra IFS virgem não tratada, a fibra IFS tratada com plasma frio e as suas amostras compostas foram analisadas utilizando a espetroscopia de infravermelhos com transformada de Fourier para determinar a presença de radicais livres e grupos funcionais. A fibra foi cortada em pedaços de 2 cm de comprimento, seguindo-se a montagem da amostra sobre cristal de diamante no aparelho FTIR (FT-IR Nicolet 6700/Thermo Fisher Scientific). Os dados foram registados no intervalo de 450 cm^{-1} e 4000 cm^{-1} . Com a técnica acessória universal de reflexão total atenuada (UATR), não foi necessário granular KBr. Não foi necessário aquecer, prensar ou triturar a amostra para obter espectros.

7.4 Resultados e discussão

A necessidade de materiais que não só consumam menos energia durante o processamento, como também sejam benéficos para o ambiente, está a aumentar. Questões como a poluição global e as alterações climáticas estão atualmente a reavivar o interesse pelos materiais naturais como alternativa aos materiais manufacturados. De facto, neste momento, está a ser realizado um número crescente de estudos sobre fibras lignocelulósicas naturais. Este capítulo aborda os espectros FTIR da fibra IFS virgem não tratada, da fibra IFS tratada com plasma frio de azoto, da fibra IFS tratada com plasma de ar, da matriz de PLA e dos compósitos de PLA reforçados com fibra IFS não tratada e tratada. A análise dos espectros FTIR é utilizada para verificar a existência de grupos funcionais, a produção de radicais livres, a simetria dos compostos orgânicos e inorgânicos, a interação a nível molecular entre o plasma e a fibra e a natureza hidrofílica da fibra. O desenvolvimento de ligações de hidrogénio intra e inter moleculares na celulose é estudado eficazmente utilizando FTIR. O FTIR é também utilizado para estudar as caraterísticas das cadeias moleculares, a cristalinidade e as suas interações com outras ligações. A compreensão das caraterísticas básicas das estruturas de ligação dos grupos funcionais e do comportamento da fibra natural antes e depois do tratamento com plasma é a motivação por detrás do presente estudo.

7.4.1 Espectro FTIR da fibra IFS virgem não tratada

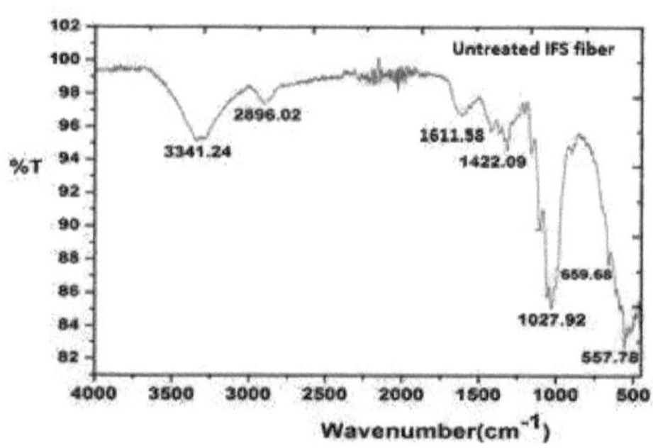

Fig. 7.2. Espectro FTIR da fibra virgem IFS não tratada

A Fig. 7.2 mostra o espetro FTIR de uma fibra IFS não tratada com números de onda de 400 cm^{-1} a 4000cm^{-1} . O número de estados vibracionais é dado por 3n-6, onde 'n' é o número de átomos. A molécula de água tem 3 átomos e, portanto, tem (3x3)-6=3 estados vibracionais.

Estes são o estiramento simétrico da ligação H-O, o estiramento assimétrico da ligação H-O e a flexão em tesoura da estrutura da ligação H-O-H. O estiramento simétrico da ligação H-O e a flexão em tesoura da ligação H-OH são observados a 3341,24 cm⁻¹ e 1611,58 cm⁻¹ . Os principais grupos funcionais de fenóis, álcoois e água podem ser identificados na região da banda de absorção larga a 3341 cm⁻¹ , onde as fibras não tratadas apresentam estiramento O-H e uma estrutura de ligação H. A banda a 2896,92 cm⁻¹ resulta das ligações de estiramento simétrico C-H na celulose, lenhina e ácidos carboxílicos. Os picos das ligações de estiramento simétrico C-H e de flexão C-OH também podem ter grupos funcionais como o metilo (CH₃), o metileno (CH₂) e os ácidos gordos saturados alifáticos (CH) [1]. O pico a 1641,88 cm⁻¹ representa o grupo funcional da estrutura de ligação de estiramento C=C dos alcenos. Para a fibra IFS não tratada, a banda de 1422,09 cm⁻¹ é atribuída a uma ligação de flexão C-H, tornando-a parte do grupo funcional do alcano (celulose, hemicelulose e lignina). O pico a 1027,92 cm⁻¹ indica a estrutura da ligação de estiramento C-O presente no grupo funcional do álcool (celulose, hemicelulose e lignina), ácidos carboxílicos, ésteres e éteres. A banda a 557,78 cm⁻¹ no espetro da fibra IFS não tratada mostra a presença de grupos de halogéneo como o iodo e a flexão C-OH [1]. Como as bandas FTIR em torno de 2260-2200cm⁻¹ estão ausentes na fibra IFS não tratada, isto confirma que o grupo tóxico cianeto também está ausente, tornando a fibra adequada para aplicações médicas.

7.4.2 Espectro FTIR da fibra IFS tratada com plasma frio de azoto

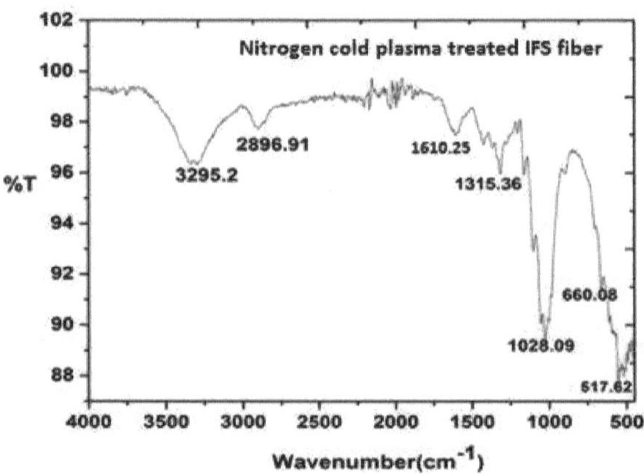

Fig. 7.3. Espectro FTIR da fibra IFS tratada com plasma frio de azoto

A Fig. 7.3 mostra o espetro FTIR da fibra IFS tratada com plasma frio de azoto (N_2). A sinergia a nível molecular entre o plasma e a fibra IFS pode ser observada na deslocação da banda de 3341,24 cm⁻¹ na fibra IFS não tratada para 3295,2 cm⁻¹ no espetro da fibra IFS tratada com plasma frio de azoto. Uma vez que praticamente todos os picos nos espectros da fibra tratada com plasma se deslocaram em relação ao espetro da fibra não irradiada, prevê-se uma forte interação entre a fibra IFS e o plasma.

O espetro da fibra tratada com plasma apresenta uma banda a 1315,36 cm⁻¹ em vez da banda a 1422,09 cm⁻¹ na fibra não tratada. O aparecimento do grupo funcional nitrato (NO_3) pode ser observado nos espectros da fibra IFS exposta a plasma frio N_2 como uma banda a 1315,36 cm⁻¹ [2]. A banda a 3295 cm⁻¹ também tem contribuições de estiramento N-H assimétrico [3]. A ligação cruzada entre os átomos de polímero de celulose vizinhos da fibra IFS ocorre quando esta é exposta ao plasma. As moléculas da fibra são estimuladas pela ligação de grupos funcionais como NH_2 (aminas) e

NO$_3$ (nitrato) às suas superfícies. A Fig. 7.4 mostra as prováveis alterações químicas que ocorrem na fibra IFS devido aos tratamentos com plasma frio N$_2$.

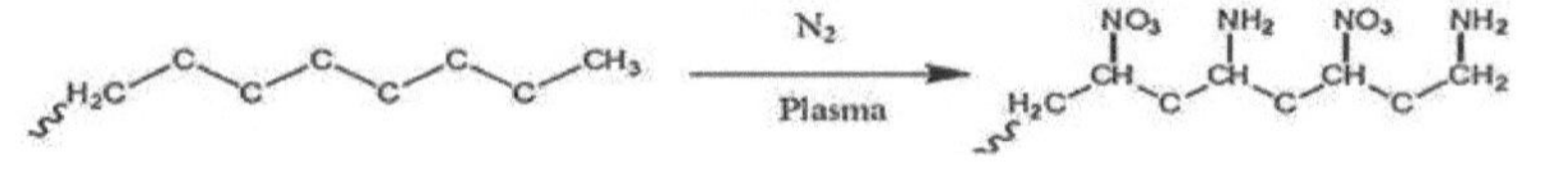

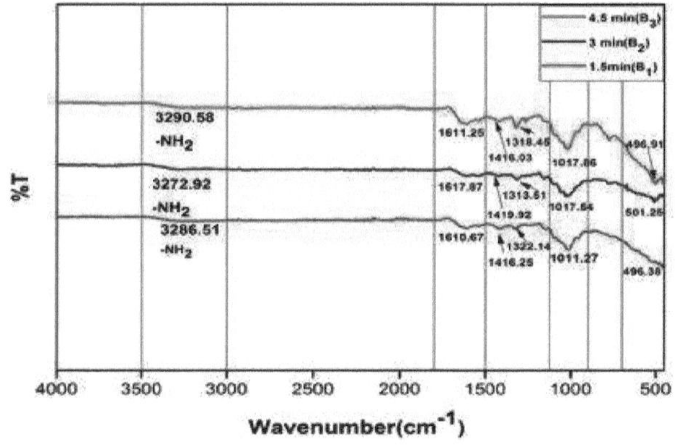

Fig.7.4. A formação de grupos funcionais após exposição a plasma frio N $_2$

7.4.3 Espectro FTIR da fibra IFS tratada com plasma de ar (1,5 min, 3 min e 4,5 min)

Fig. 7.5. Espectro FTIR da fibra IFS tratada com plasma de ar (1,5 min, 3 min, 4,5 min)

Os espectros FTIR da amostra B$_1$ (1,5 min tratada com plasma de ar), B$_2$ (3,0 min tratada com plasma de ar) e B$_3$ (4,5 min tratada com plasma de ar) são apresentados na Fig. 7.5. A funcionalização/ligação cruzada entre átomos adjacentes do polímero de celulose da fibra IFS ocorre quando a fibra é exposta ao plasma de ar. Grupos funcionais, tais como NH$_2$, NO$_3$, e COOH, são ligados covalentemente à superfície das moléculas da fibra ao longo desta transformação química. A formação de novos grupos funcionais na superfície da fibra IFS devido ao plasma de ar é mostrada na Fig.7.6

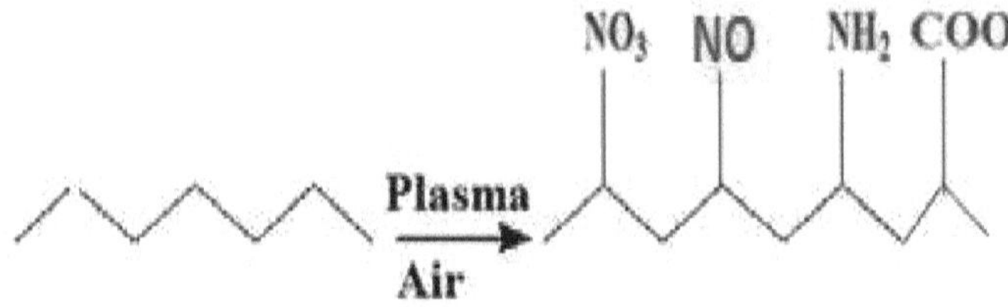

Fig. 7.6. Formação de grupos funcionais devido ao tratamento com plasma de ar frio

Os espectros das amostras de fibra IFS B_1 , B_2 e B_3 expostas ao plasma de ar mostram que a banda de 3341,24 cm^{-1} na fibra IFS não tratada é deslocada para 3286,51 cm^{-1} , 3272,92 cm^{-1} e 3290,58 cm^{-1} , mostrando a interação molecular entre o plasma de ar e a fibra IFS. Um grupo de ácido carboxílico contém uma ligação O-H e uma ligação C=O. O estiramento O-H no grupo carboxílico, no álcool e na água e o estiramento N-H são possíveis causas desta deslocação. O estiramento N-H do grupo amina é responsável pela banda a cerca de 3286 cm^{-1} . Verificou-se que a intensidade de cada banda diminui à medida que o tempo de irradiação aumenta. Este resultado é consistente com o resultado [4]. A banda de 1611,58 cm^{-1} na fibra IFS não tratada é deslocada para 1610,67 cm^{-1} , 1617,87 cm^{-1} , e 1611,25 cm^{-1} no espetro das amostras B_1 , B_2 , e B_3 tratadas com plasma de ar, atribuindo-se o alongamento do anel de benzeno (lenhina) ou a flexão de OH. A banda a 1315,36cm^{-1} na fibra IFS tratada com plasma frio de azoto, 1322,14cm^{-1} in B_1, 1313,51cm^{-1} em B_2 e

1318,45cm^{-1} in B$_3$ indica a presença do grupo nitrato. Prevê-se que seja criada uma forte ligação covalente entre a fibra IFS e a matriz durante o fabrico de materiais compósitos devido aos grupos amina e nitrato presentes na fibra IFS tratada com plasma. Na fibra IFS não tratada, a banda a 2896,02 cm^{-1} é atribuída ao grupo funcional dos alcanos (celulose e lenhina) e aos ácidos carboxílicos na estrutura de ligações de estiramento C-H e de estiramento O-H; no entanto, na fibra irradiada com plasma frio de azoto, esta banda foi deslocada para 2896,91 cm^{-1} . No entanto, este pico está completamente ausente quando a fibra IFS é tratada com plasma frio de ar, mostrando que este tratamento destruiu estas ligações. A Tabela 7.1 apresenta os diferentes grupos funcionais detectados nos espectros FTIR da fibra IFS não tratada, da fibra IFS tratada com plasma de azoto e da fibra IFS tratada com plasma de ar. Isto indica que existe uma deslocação dos picos para números de onda mais elevados, bem como para números de onda mais baixos. A deslocação dos picos para valores mais elevados indica uma diminuição do comprimento de ligação e vice-versa. A diminuição ou o aumento do comprimento de ligação é o resultado da alteração da eletronegatividade dos átomos.

TABELA 7.1. Atribuição FTIR para fibra IFS não tratada e tratada com plasma frio

Grupo funcional	Atribuição FTIR (em cm)$^{-1}$				
	Fibra IFS não tratada	Fibra IFS tratada com plasma frio de	Fibra IFS tratada com plasma de ar (1,5 min, 1kV)	Fibra IFS tratada com plasma de ar (3	Tratamento com plasma de ar

		azoto (3 min,2kV) (B)$_x$	(B)$_1$	min, 1kV) (B)$_2$	Fibra IFS (4,5 min, 1kV) (B)$_3$
Estiramento simétrico H-O de ligações H	3341.24	Alterado para 3295.2	Alterado para 3286.51	Alterado o para 3272,92	Alterado para 3290.58
Grupo amina (R-NH)$_2$	Ausente	3295.2	3286.51	3272.92	3290.58
Os grupos metilo e metileno da celulose apresentam estiramento simétrico C-H.	2896.02	2896.91	Ausente	Ausente	Ausente
Alongamento do anel benzénico (lenhina), flexão OH	1611.58	1610.25	1610.67	1617.87	1611.25
CH$_2$ estiramento e flexão presentes na celulose	1422.09	Ausente	1416.25	1419.92	1416.03
Grupo dos nitratos (NO)$_3$ estiramento assimétrico	Ausente	1315.36	1322.14	1313.51	1318.45
Estiramento do grupo carboxilo	1027.92	1028.09	1011.27	1017.54	1017.86

Grupo halogéneo, flexão C-OH	557.78	517.62	496.38	501.25	496.91

7.4.4 Espectro FTIR do PLA

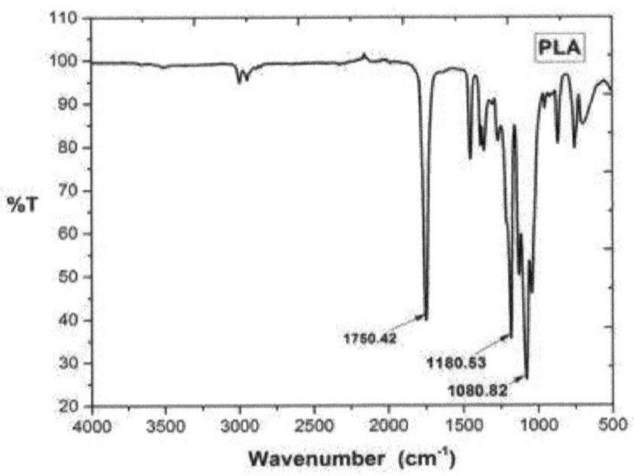

Fig. 7.7. Espectro FTIR do PLA puro

O espetro FTIR do PLA é apresentado na Fig. 7.7. O espetro do PLA é caracterizado por três picos distintos de 1080,82 cm^{-1} , 1180,53 cm^{-1} , e 1750,42 cm^{-1} . Os picos a 1080,82 cm^{-1} e 1180,53 cm^{-1} são atribuídos ao estiramento C-O-C. O pico a 1750,42 cm^{-1} é atribuído ao grupo funcional C=O.

7.4.5 Espectro FTIR do compósito PLA/ 5% em peso de fibra IFS não tratada

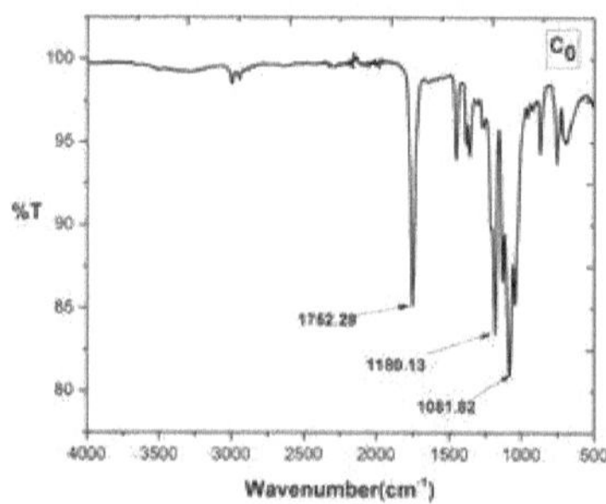

Fig. 7.8. Espectro FTIR do compósito PLA/5% wt de fibra IFS não tratada

O espetro FTIR de C_0 (compósitos de PLA e 5%wt de fibra IFS não tratada) é mostrado na Fig. 7.8. Não existe qualquer pico a 1700 cm⁻¹ nos espectros FTIR da fibra IFS, quer não tratada quer tratada. Isto deve-se ao facto de a fibra IFS não conter um grupo carbonilo. O pico a 1752,29 cm⁻¹ é observado no espetro FTIR da amostra composta C_0 indica que a frequência de estiramento do grupo carbonilo do éster do PLA provoca este pico. Este pico indica que a superfície das fibras IFS se esterificou depois de ter sido reforçada num material compósito, como se vê nas amostras compósitas correspondentes. A deslocação do pico de 1750,42 cm⁻¹ , 1180,53cm⁻¹ e 1080,82 cm⁻¹ no PLA puro para 1752,29 cm⁻¹ , 1180,13cm⁻¹ e 1081,82 cm⁻¹ em C_0 , atesta as ligações entre a matriz PLA e a fibra IFS.

7.4.6 Espectro FTIR do compósito de fibra IFS tratado com plasma de ar PLA/1,5 min

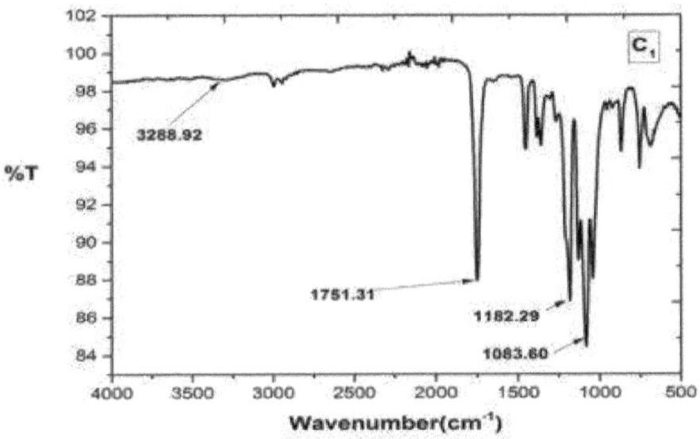

Fig. 7.9: Espectro FTIR do compósito de fibra IFS tratado com plasma de ar PLA/1,5 min

A Fig. 7.9 apresenta o espetro FTIR da amostra composta C_1 (PLA/1,5 min de fibra IFS tratada com plasma de ar). A presença de um grupo funcional a 1751,31cm^{-1} no espetro FTIR da amostra composta C_1 indica a frequência de estiramento do grupo carbonilo do éster no PLA. A presença deste pico na amostra composta indica a esterificação na superfície das fibras IFS. A mudança do pico do grupo carbonilo (C=O) de 1750,42 cm^{-1} no PLA puro para 1751,31 cm^{-1} na amostra composta C_1 indica uma interação molecular entre a matriz de PLA e a fibra IFS tratada com plasma. A banda de transmissão a 3288,92 cm^{-1} no espetro da fibra IFS tratada com PLA/plasma revela a existência do grupo amina (NH$_2$) [5]

7.4.7 Espectro FTIR do compósito de fibra IFS tratado com plasma de ar PLA/3 min

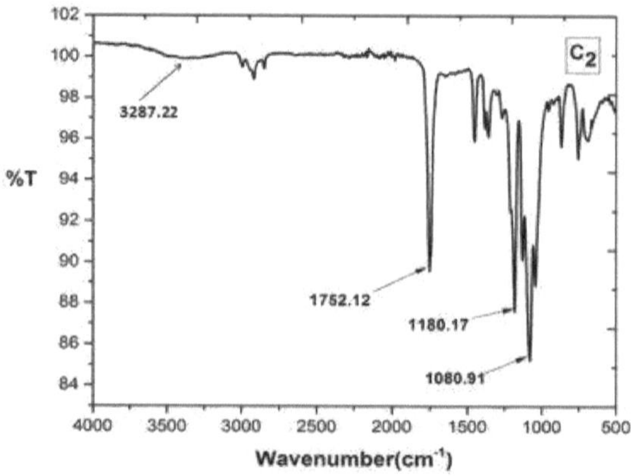

Fig. 7.10. Espectro FTIR do compósito de fibra IFS tratado com plasma de ar PLA/3 min

O espetro FTIR da amostra composta C_2 (PLA/3 min de fibra IFS tratada com plasma de ar) é apresentado na Fig. 7.10. A alteração do pico do grupo carbonilo (C=O) de 1751,31 cm^{-1} na amostra composta C_1 para 1752,12 cm^{-1} na amostra composta C_2 demonstra uma maior interação molecular entre a matriz de PLA e a fibra IFS tratada com plasma. Os picos associados ao estiramento C-O-C na amostra composta C_1 a 1083,60 cm^{-1} e 1182,29 cm^{-1} são deslocados para 1080,91 cm^{-1} e 1180,17 cm^{-1} , respetivamente, na amostra composta C_2 .

7.4.8 Espectro FTIR do compósito de fibra IFS tratado com plasma de ar PLA/4,5 min

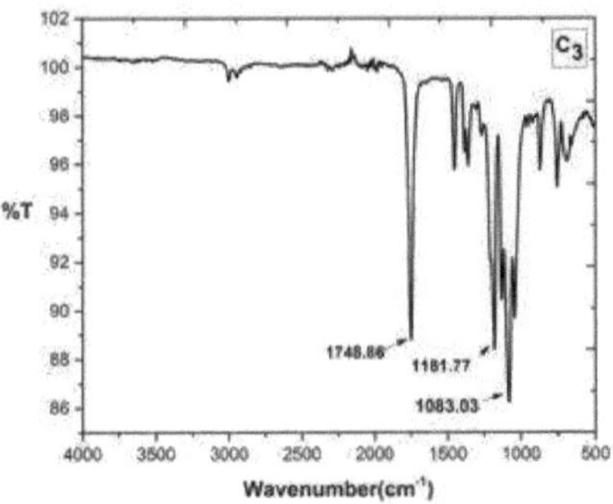

Fig. 7.11.Compósito de fibra IFS tratado com plasma PLA/4,5 min

O espetro FTIR da amostra composta C_3 (PLA/4,5 min de fibra IFS tratada com plasma de ar) é apresentado na Fig. 7.11.   A interação molecular adicional entre a matriz de PLA e a fibra IFS tratada com plasma é demonstrada pela alteração do pico do grupo carbonilo (C=O) de 1752,12 cm^{-1} na amostra composta C_2 para 1748,86 cm^{-1} na amostra composta C_3 , bem como pela deslocação dos picos de 1080,91 cm^{-1} e 1180,17 cm^{-1} nas amostras compostas C_2 para 1083,03 cm^{-1} e 1181,77 cm^{-1} na amostra composta C_3 .

7.4.9 Conclusões

Para compreender a interação que ocorre entre a fibra IFS e uma matriz polimérica, bem como entre o plasma frio e a fibra IFS, foi utilizada a espetroscopia de infravermelhos com transformada de Fourier (FTIR) para realçar as bandas de absorção mais típicas de certos componentes moleculares das fibras IFS. A análise espetral FTIR revela a presença de vários grupos funcionais na fibra IFS não tratada, na fibra IFS tratada com nitrogénio e plasma de ar, na matriz PLA e nos compósitos que utilizam fibra IFS tratada e não tratada. A interação entre o plasma frio e a fibra e a interação entre a fibra tratada e a matriz foi verificada a partir da deslocação das bandas FTIR. As bandas FTIR deslocadas mostram claramente a interação de cada amostra de compósito em cada fase. A banda $1315,36$ cm^{-1} nos espectros da fibra IFS exposta a plasma frio N_2 e a plasma frio de ar indica a formação do grupo funcional nitrato (NO_3) na superfície da fibra IFS devido ao tratamento por plasma frio. A banda em torno de 3286 cm^{-1} nos espectros da fibra IFS tratada com plasma frio de ar, substituindo a banda a 3341 cm^{-1} no espetro da fibra IFS não tratada, indica a presença de estiramento N-H da amina. A deslocação da banda de $1611,58$ cm^{-1} na fibra IFS não tratada para $1610,67$ cm^{-1}, $1617,87$ cm^{-1} e $1611,25$ cm^{-1} no espetro das amostras B_1, B_2 e B_3 tratadas com plasma de ar, respetivamente, é atribuída ao estiramento do anel de benzeno e à flexão de OH.

REFERÊNCIAS

1. Parida C, Dash SK e Pradhan C. 2014. Estudos FTIR e Raman de fibras de celulose de luffa cilíndrica, *Open Journal of Composite Materials*, **5**(01):5.
2. Kolarova K, Vosmanska V, Rimpelova S e Svorcik V. 2013. Efeito do tratamento com plasma na fibra de celulose, *Cellulose*, **20**(2): 953-961.
3. Bernard FL, Rodrigues D, Polesso BB, Chaban VV, Serefin M, Dalla Vecchia F e Einloft S. 2019. Desenvolvimento de sorventes baratos à base de celulose para dióxido de carbono. *Revista Brasileira de Engenharia Química*, **36**:511-521.

4. Starlin T, Ragavendran P, Raj CA, Perumal PC e Gopalakrishnan VK. 2012. Análise de elementos e grupos funcionais de Ichnocarpus frutescens R. Br. (Apocynaceae), *International Journal of Pharmacy and Pharmaceutical Science*, **4**:343-345.

5. Rout S, Mallick B, Dash D, Nayak NR e Parida C. 2021. Effect Of vacuum plasma on structure and function of fibers of Ichnocarpus Frutescens, *Radiation Effects and Defects in Solids*, **176**(11-12):1160-1170.

Capítulo 8

Análise de dispersão Raman

- **Introdução**
- **Amostragem**
- **Experimental**
- **Resultados e discussão**

8.1 Introdução

Nos últimos anos, têm sido utilizadas várias técnicas microscópicas, químicas e físicas para compreender melhor a estrutura, a composição química e as caraterísticas das células, tecidos e órgãos das plantas. Existe uma lacuna de conhecimento sobre a localização, o número e a organização estrutural das moléculas na amostra nativa e o que acontece a nível molecular quando as amostras são sujeitas a stress mecânico ou químico. São necessárias respostas a estas questões para maximizar a utilização das plantas na indústria alimentar e na farmacologia, bem como para compreender as interações estrutura-função das células vegetais e tirar partido das qualidades únicas da natureza. Esta questão tem sido abordada com êxito através de desenvolvimentos na combinação da microscopia e da espetroscopia Raman, que fornecem informações químicas e estruturais in situ, sem necessidade de coloração ou preparação laboriosa de amostras. Os dois processos de absorção no infravermelho e de dispersão Raman constituem a base dos principais métodos espectroscópicos utilizados para identificar vibrações nas moléculas.

Enquanto a espetroscopia de infravermelhos inclui normalmente a absorção de fotões, com a molécula excitada para um nível de energia vibracional mais elevado, a dispersão Raman envolve a excitação de uma molécula por dispersão inelástica com um fotão (de uma fonte de luz laser). A absorção no infravermelho depende de alterações nos momentos de dipolo intrínsecos provocadas por vibrações moleculares, enquanto a dispersão Raman depende de alterações na polarizabilidade devidas a vibrações moleculares. Assim, a informação sobre as vibrações moleculares é "complementar" à fornecida pela espetroscopia Raman e infravermelha. As ligações entre duas moléculas idênticas serão mais activas no Raman do que no infravermelho. A composição química das moléculas que dispersam a luz afecta a variação do seu comprimento de onda. As aplicações da espetroscopia de IV estavam limitadas a material seco devido ao grande momento de dipolo da água, que produz um sinal significativo. Este método é mais adequado para a realização de experiências in situ em material vegetal fresco, uma vez que a água tem apenas uma fraca capacidade de dispersão Raman, em contraste com a sua absorção IV substancial. A dispersão inelástica de luz laser monocromática coerente que pode ser focada num pequeno ponto é normalmente utilizada para criar um espetro Raman. A maioria dos microscópios Raman inclui lentes objectivas "corrigidas para o infinito" para permitir uma trajetória colimada do feixe no interior do microscópio e um divisor de feixe para injetar o laser no eixo de recolha. Uma vez que apenas uma pequena parte dos fotões de entrada é dispersa inelasticamente, o efeito Raman produz sinais fracos, dificultando a deteção de moléculas em concentrações extremamente baixas. A condição de ressonância na tecnologia de ressonância pode ajudar a resolver este problema. Quando o comprimento de onda do laser existente é alterado para corresponder à banda de absorção eletrónica, os modos vibracionais envolvidos na transição eletrónica são seletivamente aumentados, dando origem à espetroscopia Raman. As biomoléculas são examinadas utilizando a espetroscopia Raman para determinar a sua estrutura, dinâmica e função. Este método pode ser combinado com a microscopia para extrair informação molecular com elevada resolução espacial, analisar amostras de tamanho microscópico diretamente em condições húmidas ou secas e, em muitos casos, fazê-lo sem causar quaisquer danos. O padrão espetral caraterístico de muitas substâncias orgânicas e grupos funcionais pode ser utilizado para determinar o que são, e a intensidade das bandas pode ser utilizada para determinar a sua abundância relativa no objeto amostrado. O feixe de laser tem normalmente um diâmetro de 1-2 mm, pelo que é necessária uma pequena área de amostra para os espectros Raman. Esta é uma vantagem significativa em relação à espetroscopia de infravermelhos tradicional. A deformação inelástica/micro-deformação na fibra resultante da degradação ou danificação da fibra pode ser analisada a partir dos espectros Raman. A microespectroscopia pode ser utilizada para recolher informações quantitativas e qualitativas, bem como pormenores sobre a orientação dos agrupamentos funcionais. Os elementos estruturais dispostos em padrões intrincados nas paredes celulares das plantas sustentam a forma e a resistência mecânica das plantas vivas. As propriedades funcionais das paredes celulares dependem da sua arquitetura altamente organizada em tamanhos a partir de alguns nanómetros, bem como das minúsculas complexidades da sua estrutura macromolecular e conformação. Quando os polímeros da parede celular são fraccionados e/ou solubilizados para procedimentos químicos tradicionais, perde-se muita desta informação fina. Por conseguinte, os métodos espectroscópicos são cruciais para o estudo das paredes celulares das plantas em condições naturais.

A descoberta da celulose, o componente mais significativo do esqueleto vegetal, levou ao desenvolvimento de aplicações Raman em plantas. A composição química das fibras naturais varia significativamente entre espécies, dependendo das condições de crescimento, embora a celulose seja o seu maior componente, sendo o restante constituído por água, lenhina e pectina. Para além de se identificar a contribuição de cada componente, é necessário atribuir a este último as suas próprias moléculas e/ou grupos funcionais, de modo a compreender o espetro Raman de um material multicomponente como a fibra vegetal. As áreas de banda em torno de 380 cm^{-1} , 1097 cm^{-1} e 2898 cm^{-1} podem ser utilizadas para localizar a distribuição da celulose. Apenas a região da banda de 380 cm^{-1} pode ser categoricamente atribuída à celulose, com a lenhina e/ou hemiceluloses a darem contribuições substanciais, mas menores, para as outras duas secções. Embora os três perfis de banda sejam comparáveis, tal não significa que eventuais contribuições modestas da lenhina distorçam consideravelmente os resultados. De facto, devido à melhor relação sinal/ruído, seriam preferíveis as bandas mais intensas a 1097 cm^{-1} e 2898 cm^{-1} .

Quando as moléculas de celulose se juntam, podem formar-se numerosas estruturas secundárias e terciárias. As alterações na estrutura das cadeias de celulose e as ligações de hidrogénio intra e intermoleculares são responsáveis por isso (por exemplo, paralelo vs. antiparalelo ou polaridade da cadeia). Estes factores afectam as caraterísticas cristalinas dos vários alomorfos (fases cristalinas), que por sua vez afectam a acessibilidade e a reatividade da estrutura global da celulose durante os tratamentos mecânicos, químicos e enzimáticos. Pelo menos seis polimorfos diferentes de celulose, incluindo celulose I, celulose II, celulose III, celulose IV, celulose IVI e celulose IVII, foram documentados na literatura. Além disso, foi afirmado que a celulose I é uma mistura das formas cristalinas da celulose I_α e I_β . As lignoceluloses são substâncias celulósicas que também contêm hemicelulose e lignina. Estes materiais são amplamente acessíveis para muitos fins, incluindo a produção de biocombustíveis. Enquanto a celulose e a hemicelulose são polímeros de hidratos de carbono, a lenhina é um polímero aromático.

8.2 Amostragem

A fibra (não tratada, tratada com plasma frio) e os compósitos foram cortados em pedaços de 2 cm de comprimento e montados no aparelho RAMAN. Não houve necessidade de preparar a amostra para obter os espectros RAMAN.

8.3 Experimentais

O microscópio LabRAM HR Evolution Raman (HORIBA Scientific) foi utilizado para obter os espectros Raman da fibra virgem não tratada, da fibra IFS tratada com plasma e das suas amostras compostas. O microscópio tem uma fonte de laser He-Ne de 633nm com 17 watts e 230V. É utilizado um monocromador com uma distância focal de 800 mm e uma dispersão espetral de 35 cm^{-1} com grelhas de 1800 ranhuras/mm. Durante 30 segundos, foi concentrado para fornecer 15mW de energia e um ponto de 20um na superfície da fibra. Para evitar o aquecimento e a combustão da amostra, foi colocado um filtro de densidade neutra em frente do feixe de laser. Os espectros Raman foram obtidos utilizando um microscópio confocal BX41 com um ângulo de dispersão de 180 graus.

Os dados espectrais foram adquiridos utilizando um detetor CCD (*1024 ×
256* pixel) numa localização fixa da grelha. O software Labspec6 foi
instalado na aquisição de dados para digitalizar e registar o número de
ondas e a intensidade.

5.4 Resultados e discussão

Neste capítulo, são abordados os espectros Raman da fibra IFS não
tratada, da fibra IFS tratada com plasma, da matriz PLA e das amostras
compostas de fibra PLA/IFS. A análise dos espectros Raman utiliza a
interação da luz com as ligações químicas numa substância para
identificar os constituintes moleculares, a estrutura química, a fase, as
tensões/deformações e as interações moleculares. Analisámos as
atribuições de bandas vibracionais de fibras IFS não tratadas e tratadas
com plasma de ar com períodos de exposição que variam entre 1,5 e 4,5
minutos, bem como a matriz PLA e os compósitos de fibras PLA/IFS.

8.4.1 Espectro Raman da fibra IFS virgem não tratada

A Fig. 8.1 mostra o espetro Raman da fibra IFS não tratada para
números de onda de 300 cm^{-1} a 3000 cm^{-1} . As bandas que representam a
celulose podem ser vistas a 332,10 cm^{-1} (flexão C-Csimétrica da celulose
e deformação do anel), 436,27 cm^{-1} (C-O-C, deformação do anel de
estiramento C-C-C), 844,24cm^{-1} (C-O-C em vibração simétrica plana),
994.27cm^{-1} (CH_2 em celulose),1114.31cm^{-1} (vibrações de estiramento de
C-C, C-O em celulose e hemicelulose),1301.23 cm^{-1} (absorção
relacionada com o anel siringil e estiramento de C-O), 1478.14 cm^{-1}
(flexão H-C-H, H-O-C),1693.26 cm^{-1} (carbonilo).[1-2]. Apenas as
bandas de 332,10 cm^{-1} , 436,27 cm^{-1} , 1114,31 cm^{-1} , e 1478,14 cm^{-1} podem
ser categoricamente atribuídas à celulose, com a lenhina e/ou

hemiceluloses a contribuírem de forma definitiva, mas pouco significativa, para as outras bandas

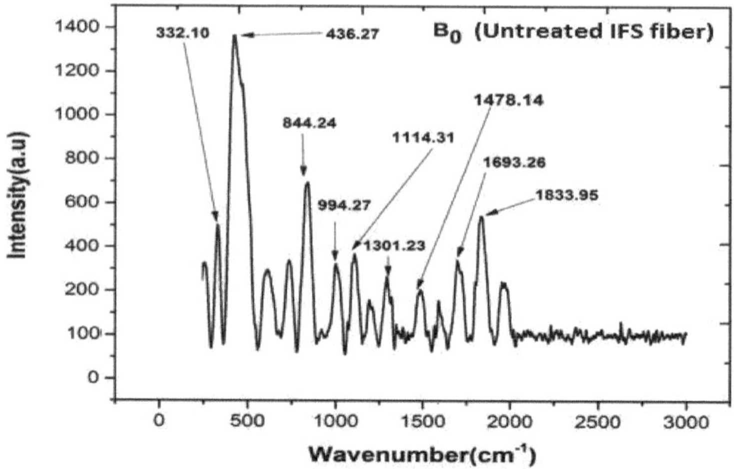

Fig. 8.1. Espectro Raman da fibra IFS virgem não tratada

8.4.2 Espectro Raman da fibra IFS tratada com plasma de ar frio (1,5 min, 3 min, 4,5 min)

O espetro Raman da fibra IFS tratada com plasma de ar durante 1,5 minutos é apresentado na Fig. 8.2.

Os picos Raman na Fig. 8.2 deslocam-se em relação à Fig. 8.1, indicando uma interação molecular entre a fibra IFS e o plasma frio. A celulose I é composta pelas formas cristalina e inorgânica da celulose, consistindo em dois alomorfos, I_α e I_β . Estes alomorfos foram investigados usando a espetroscopia Raman, que também foi usada para separá-los quando coexistem num material. A celulose cristalina I é caracterizada pelos picos $332,10 cm^{-1}$ e $322,95 cm^{-1}$ no espetro Raman da fibra IFS não tratada e da fibra IFS tratada com plasma de ar durante 1,5 minutos, respetivamente. Os picos identificam a celulose II a 436,27 cm^{-1} e 1114,31 cm^{-1} na fibra IFS não tratada, e deslocam-se para 425,27 cm^{-1} e 1108,14 cm^{-1} na fibra IFS tratada com plasma de 1,5 min. O pico correspondente à celulose-II (436,27 cm^{-1} na fibra IFS não tratada, 425,23 cm^{-1} na fibra IFS tratada com 1,5 min) é observado como a banda mais intensa no espetro Raman.

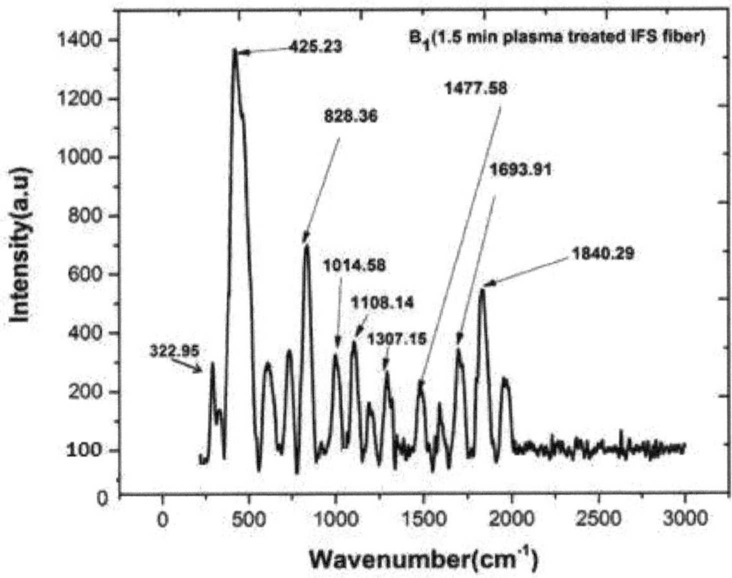

Fig. 8.2: Espectro Raman da fibra IFS tratada com plasma de ar durante 1,5 min

A intensidade relativa do pico da celulose-I e da celulose-II $\frac{I_{332}}{I_{1114}}$ na fibra IFS não tratada foi de 1,4358, e a intensidade relativa do pico $\frac{I_{322}}{I_{1108}}$ no espetro Raman da fibra tratada durante 1,5 minutos é de 0,7. O espetro Raman da fibra tratada mostra uma queda na intensidade do pico a 322 cm^{-1} , o que indica que a ligação glicosídica na celulose cristalina foi destruída e que a celulose-II está agora mais facilmente disponível. No entanto, nos espectros Raman de 3,0 minutos e 4,5 minutos da fibra IFS tratada, os picos correspondentes às celuloses I e II estão ausentes. Quando a fibra é exposta à radiação de plasma durante três minutos ou mais, a celulose I e a celulose II são afectadas. O espetro Raman da fibra IFS tratada com plasma de ar por 3,0 min é mostrado na Fig. 8.3.

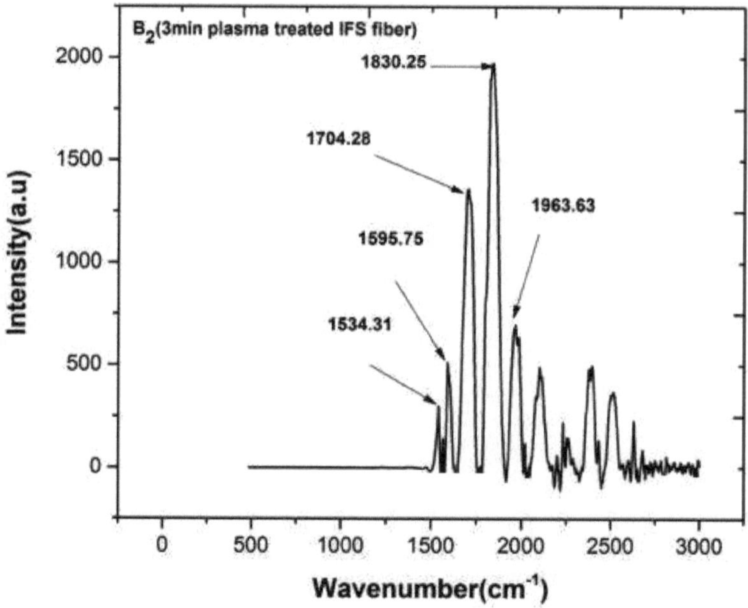

Fig. 8.3. Espectro Raman da fibra IFS tratada com plasma de ar durante 3,0 min

O espetro Raman da Fig. 8.3 é caracterizado por um pico a 1534,31 cm^{-1} , que indica a presença de celulose III (flexão H-C-H, H-O-C)[3]. As paredes primária, média e celular das plantas terrestres contêm pectina, um hetero polissacárido que serve como ácido estrutural e é caracterizado pelo pico Raman a 1830,26 cm^{-1} . Além disso, a celulose III foi encontrada nos espectros Raman da fibra não tratada e da fibra exposta à radiação durante 1,5 minutos a 1478,14 cm^{-1} e 1477,58 cm^{-1} , respetivamente. No entanto, o espetro Raman da fibra exposta ao plasma frio durante 4,5 minutos não apresenta qualquer pico para a celulose-I, celulose-II e celulose-III. O espetro Raman da fibra IFS tratada com plasma durante 4,5 minutos é apresentado na Fig. 8.4. O pico Raman a 1993,26 cm^{-1} mostra a presença de pectina.

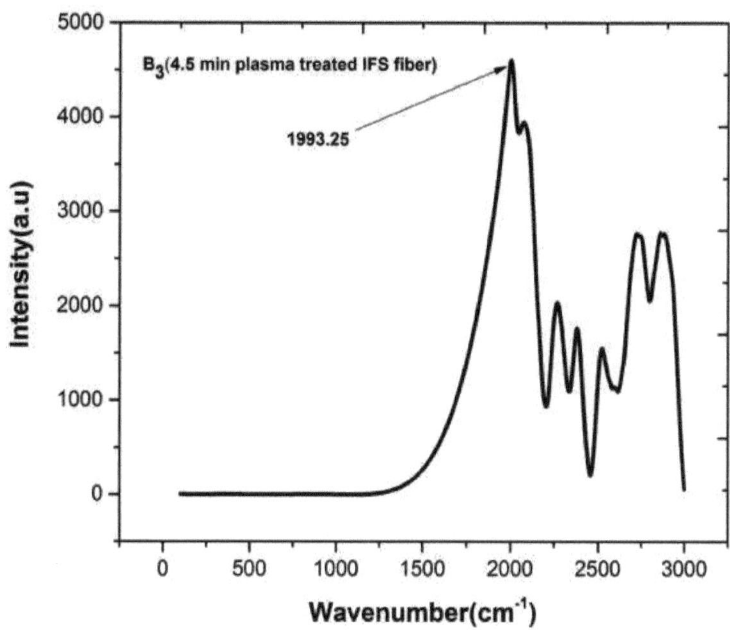

Fig. 8.4. Espectro Raman da fibra IFS tratada com plasma de ar durante 4,5 min

TABELA 8.1: Atribuição das bandas Raman da fibra IFS não tratada e da fibra IFS tratada com plasma de ar

Functional group	Peak assignment in cm⁻¹				
Sample	B_0(un treated IFS fiber)	B_1(1.5 min treated fiber)	B_2(3.0 min treated fiber)	B_3(4.5 min treated fiber)	Nature of stress
C-Csymmetric bending of cellulose and ring deformation	332.10	322.95	abs	abs	tensile
C-O-C, C-C-C stretching, ring deformation of cellulose-II	436.27	425.23	abs	abs	tensile
C-O-C in plane symmetric vibration	844	828.36	abs	abs	tensile
CH₂ in cellulose	994.27	1014.58	abs	abs	compressive
Stretching vibrations of C-C, C-O in glycosidic ring of cellulose and hemicellulose	1114.31	1108.14	abs	abs	tensile
Absorption related to syringyl ring and stretch of C-O	1301.23	1307.15	abs	abs	compressive
H-C-H bending, H-O-C , cellulose –III	1478.14	1477.58	1534.31	abs	tensile for B_1, compressive for B_2
Carbonyl	1693.26 cm⁻¹	1663.91	1704.28	abs	tensile for B_1, compressive for B_2
Pectin	1833.95	1840.29	1830.25	1993	compresive for B_1 and B_3, tensile for B_2

A Tabela 8.1 mostra as atribuições das bandas Raman da fibra IFS não tratada e da fibra IFS tratada com plasma de ar. A Tabela 8.1 mostra o deslocamento Raman em cada banda Raman. O deslocamento dos picos é observado em direção a um número de onda mais baixo ou mais alto. Estas deslocações podem ser atribuídas à alteração do comprimento da ligação química das moléculas. Se o comprimento da ligação for reduzido, o pico desloca-se para um número de onda mais elevado e vice-versa. Quando um material está sob tensão de tração, os átomos são afastados, o comprimento das ligações é alongado e os picos deslocam-se para um número de onda mais baixo. À medida que o comprimento da ligação química aumenta, a frequência vibracional diminui [4].

8.4.3 Espectro Raman do PLA puro

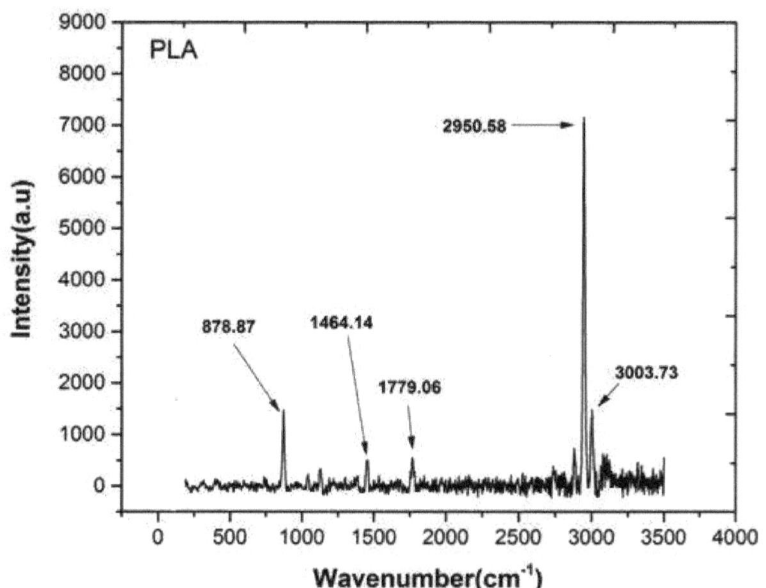

Fig. 8.5. Espectro Raman do PLA puro

A Fig. 8.5 mostra o espetro Raman do PLA puro. A banda Raman a 878,87 cm⁻¹ mostra o estiramento dos grupos C-COO. Os picos a 1464,14 cm⁻¹ indicam vibrações de deformação de grupos CH₃ assimétricos. O pico a 1779,06 cm⁻¹ é atribuído às vibrações de estiramento dos grupos carbonilo (C=O). O pico Raman intenso a 2950,58 cm⁻¹ indica vibrações de estiramento simétricas da ligação C-H, e o pico a 3003,73 cm⁻¹ mostra vibrações de estiramento assimétricas de grupos C-H presentes no PLA.

8.4.4 Espectro Raman do compósito PLA/5% em peso de fibra IFS não tratada

O espetro Raman do compósito feito de fibra PLA pura reforçada com 5% em peso de fibra IFS não tratada é mostrado na Fig. 8.6.

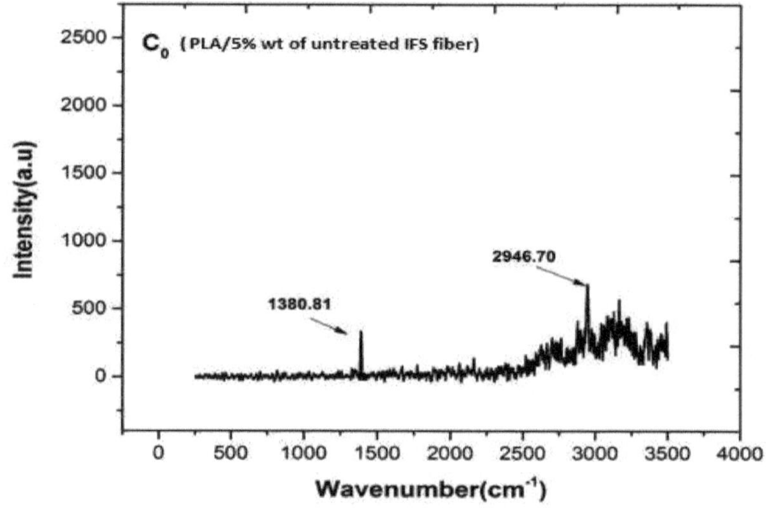

Fig. 8.6. Espectro Raman do compósito PLA/5% wt de fibra IFS não tratada

A deslocação do pico a 2950,58 cm^{-1} no PLA puro (estiramento simétrico CH$_3$) para 2946,70 cm^{-1} na amostra composta, C$_0$ indica o desenvolvimento de tensão de tração devido à interação molecular entre o PLA e a fibra IFS não tratada. O pico Raman a 1380,81 cm^{-1} indica vibrações de deformação do grupo assimétrico CH$_3$ no PLA e da celulose III na fibra IFS. O desaparecimento dos grupos carbonilo (C=0) entre 1700 cm^{-1} e 1800 cm^{-1} sugere que os grupos polares (C=O) da matriz de PLA interagem com os grupos hidroxilo (-OH) da fibra IFS para criar uma ligação H entre o grupo hidroxilo (O-H) na celulose e o grupo carbonilo (C=O, e C-O) no PLA [6].

8.4.5 Espectro Raman do compósito de fibra IFS tratado com plasma de ar PLA/1,5 min

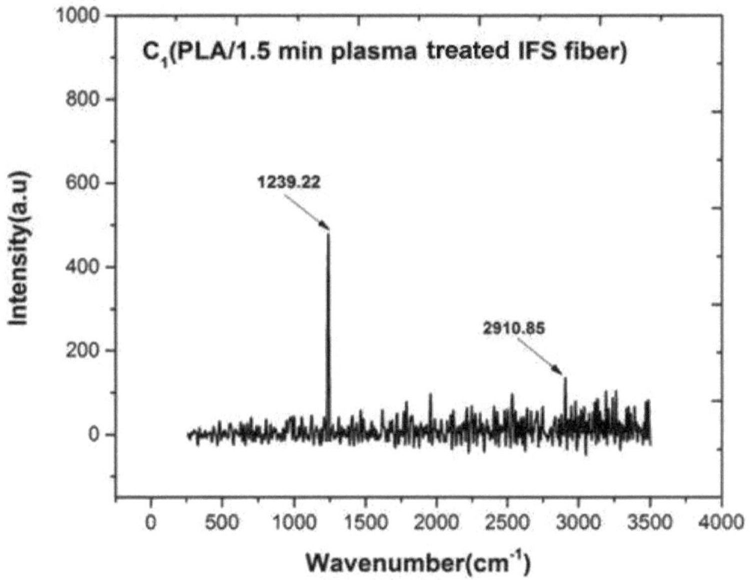

Fig.8.7. Espectro Raman do compósito de fibra IFS tratado com plasma de ar PLA/1,5 min

O espetro Raman da amostra composta C_1 (PLA/1,5 min de fibra IFS tratada com plasma de ar) é apresentado na Fig.8.7. O pico Raman a 1380,81 cm^{-1} na Fig.8.6 é substituído por um pico intenso a 1239,22 cm^{-1} na Fig.8.7. O pico intenso deve-se à presença de celulose-III na fibra tratada com plasma. A deslocação dos picos para um número de onda inferior indica tensão/deformação de tração devido à interação entre a matriz e o material de enchimento.

8.4.6. Espectros Raman de compósitos de fibra IFS tratados com plasma de ar PLA/3 min e 4,5 min

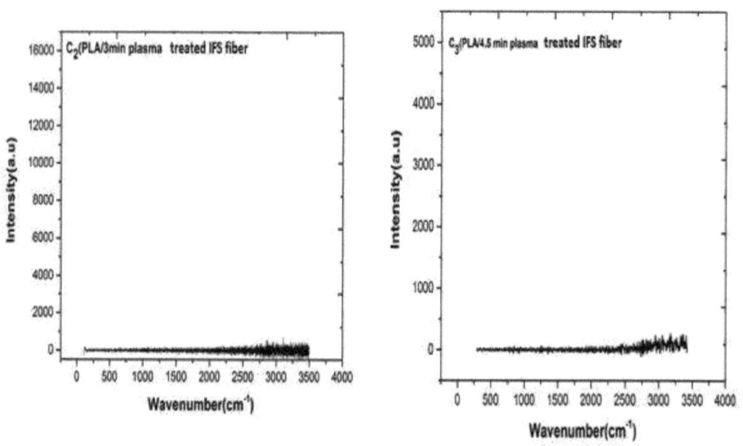

Fig.8.8. Espectros Raman do compósito de fibra IFS tratado com plasma de ar PLA/3 min e PLA/4,5 min

Os espectros Raman do compósito feito de fibra PLA pura reforçada com fibra IFS tratada com plasma de ar durante 3,0 min e 4,5 min são apresentados na Figura 8.8. Ambos os espectros não mostram quaisquer picos entre 300 cm^{-1} e 3000 cm^{-1} devido à ausência de celulose-

I, celulose-II e celulose III na fibra IFS tratada com plasma e à natureza amorfa do PLA.

8.4.7 Conclusões

Nos laboratórios forenses, a espetroscopia vibracional é utilizada há muito tempo para examinar várias provas. Dada a pequena dimensão das provas, a microespectroscopia Raman provou ser uma tecnologia particularmente sensível. A capacidade de examinar uma única fibra no laboratório forense tem-se revelado um método vantajoso. Existe uma grande variedade de utilizações da microscopia Raman em plantas, desde estudos sobre polímeros estruturais a metabolitos e componentes minerais.

Sem qualquer coloração ou preparação laboriosa da amostra, a informação química e estrutural pode ser obtida em condições naturais. A presença de flexão simétrica C-C do anel de celulose C-O-C, alongamento C-C-C na celulose, vibração simétrica C-O-C no plano, CH_2 na celulose, vibrações de alongamento de C-C, C-O na celulose juntamente com a hemicelulose, absorção relacionada com o anel siringil e alongamento de C-O, flexão H-C-H, H-O-C, grupo carbonilo na lenhina, pectina foram determinadas a partir da ocorrência de bandas Raman na fibra IFS não irradiada e tratada com plasma. A intensidade do pico da celulose-I, a cerca de 332 cm^{-1} , diminuiu com o aumento do tempo de exposição à irradiação com plasma e esteve ausente nos espectros Raman da fibra IFS tratada após 3,0 e 4,5 min. A deslocação dos picos revela uma interação molecular entre o plasma e a fibra. Foi determinado que a celulose-III estava presente na fibra IFS tratada com plasma durante 1,5 min, mas estava ausente na fibra tratada com plasma durante 3,0 min e 4,5 min. A ausência do grupo carbonilo na fibra tratada com 3,0 min e 4,5 min sugere que o grupo carbonilo foi destruído devido à exposição de 3,0 min e 4,5 min. O grupo carbonilo foi encontrado na fibra IFS não tratada e na fibra tratada durante 1,5 minutos. A mudança de pico nas amostras compósitas revelou que a matriz PLA e a fibra de reforço interagiram molecularmente, levando ao desenvolvimento de tensão de tração e compressão.

REFERÊNCIAS

1. Cabrales L, Abidi N e Manciu F. 2014. Caracterização de fibras de algodão em desenvolvimento por microscopia confocal Raman, *Fibras*, **2**(4):285-294.

2. Parida C, Dash SK e Pradhan C. 2014. Estudos FTIR e Raman de fibras de celulose de luffa cilíndrica, *Open Journal of Composite Materials*, **5**(01):5.

3. Agarwal UP e Atalla RH. 1993. Raman spectroscopic evidence for coniferyl alcohol structures in bleached and sulfonated mechanical pulps, *ACS Symposium Series,* **531**:26-26.

4. Rout, S., Mallick, B., & Parida, C. (2023). Plasma frio como uma abordagem competente para tratar a fibra sólida de Ichnocarpus frutescens: Análise PIXE, XRD, Raman, FT-IR e SEM. *Revista Brasileira de Física, 53*(2), 53.

5. Patra S, Mohanta KL e Parida C. 2019. Análise Mecânica de Biocompósitos Utilizando Fibras Irradiadas por Gama de Luffa Cylindrica, *Conferência Internacional sobre Computação Inteligente e Tecnologias de Comunicação*, 235-259.

Capítulo-9

Análise dieléctrica e de impedância

- **Introdução**
- **Amostragem**
- **Experimental**
- **Resultados e discussão**

9.1 Introdução e enquadramento teórico

Um campo elétrico aplicado externamente pode polarizar o isolante elétrico ou o dielétrico. Independentemente da substância, como um compósito condutor, um material dielétrico impede o fluxo de carga através dele, mas faz com que a carga se realinhe da sua posição de equilíbrio estático, conhecida como polarização dieléctrica. Este fenómeno faz com que as cargas positivas se movam com o campo e as cargas negativas se movam na direção oposta, resultando num campo elétrico interno que se opõe ao campo aplicado externamente.

Quando as moléculas têm ligações fracas entre si, a polarização funciona porque as moléculas se reorientam ao longo de um eixo simétrico ao longo do campo elétrico externo. Existem inúmeras formas de um meio responder a um campo elétrico aplicado [1]. Cada mecanismo dielétrico é baseado na frequência do campo elétrico aplicado. Duas definições deste comportamento são a ressonância e a relaxação.

As linhas de fluxo elétrico podem infiltrar-se num material isolante quando este é exposto a um campo elétrico. Por este motivo, o núcleo de um átomo, carregado positivamente, é empurrado na direção do campo e os seus electrões, carregados negativamente, são empurrados na direção oposta. Como resultado, ocorre a polarização, que é a principal razão pela qual a constante dieléctrica aumenta. A constante dieléctrica é a razão entre a capacitância formada por duas placas com um material entre elas (C_P) e a capacitância das mesmas placas com o ar como dielétrico (C_0).

Pode ser expressa como

$$\epsilon' = \frac{C_P}{C_0} \tag{9.1}$$

$$C_0 = \epsilon_0 \frac{A}{d} \tag{9.2}$$

d e A são a espessura e a área da amostra.

E é o campo elétrico externo aplicado $= E_0 \cos \omega t$

D é o vetor de deslocamento devido à polarização no dielétrico $=$ $D_0 \cos(\omega t - \varphi)$

φ é a diferença de fase entre D & E ou seja, entre o campo aplicado e o campo induzido

$D = D_0 \cos \omega t \cos \varphi + D_0 \sin \omega t \sin \varphi$

$D_1 = D_0 \cos \varphi \qquad e \; D_2 = D_0 \sin \varphi$

Agora, $\qquad D = D_1 \cos \omega t + D_2 \sin \omega t$

$$\tag{9.3}$$

Obtemos duas constantes dieléctricas diferentes

$$D_1 = \epsilon' E_0 \qquad e \qquad D_2 = \epsilon'' E_0$$

Assim, $\quad \dfrac{\epsilon''}{\epsilon'} = \dfrac{D_2}{D_1} = \dfrac{D_0 \sin \varphi}{D_0 \cos \varphi} = \tan \varphi$

$$(9.4)$$

$\tan \varphi$ é conhecida como tangente de perda. ϵ' é definida como a constante dieléctrica medida do material dielétrico e ϵ'' é o fator de perda. A combinação de ϵ' & ϵ'' a constante dieléctrica complexa é definida como

$$\epsilon = \epsilon' + j\epsilon'' \qquad\qquad (9.5)$$

Agora, se um condensador tem uma capacitância $C = {\epsilon_0 A}/{d}$ mantida dentro de uma tensão alternada

$V = V_0 \cos \omega t$

i_1 = Corrente através do condensador, quando existe um espaço de ar entre as placas

$$= i_0 \cos\left(\omega t + {\pi}/{2}\right)$$

${\pi}/{2}$ é a diferença de fase entre a corrente e a tensão através do condensador.

$$i_0 = \frac{V_0}{X_c} = \frac{V_0}{1/\omega C} = \omega C V_0 = \text{amplitude da corrente}$$

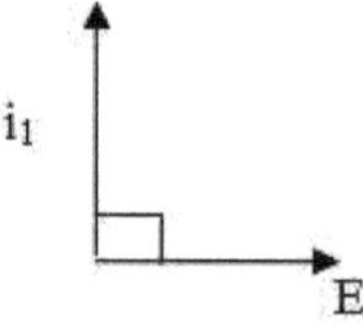

$$\text{Assim, } i_1 = \omega C V_0 \cos\left(\omega t + {\pi}/{2}\right) \tag{9.6}$$

A mudança de fase entre a corrente e a tensão num dielétrico ideal é sempre de 90^0 . Os componentes de corrente dirigidos pela tensão estão ausentes. Agora, um material com constante dieléctrica ϵ é colocado entre as placas. A capacitância tornar-se-á ϵC e a nova corrente é i_2.

$$i_2 = i_0' \cos\left(\omega t + {\pi}/{2} - \varphi\right) \tag{9.7}$$

em que φ é definido como o ângulo de perda

$$i_0' = \omega \epsilon C V_0 = \omega(\,\epsilon' + j\epsilon''\,)C V_0 \tag{9.8}$$

Agora, a diferença de fase entre i_2 e E não é 90°. A amplitude da corrente tem uma parte real e uma parte imaginária. $\omega \epsilon' C V_0$ A componente imaginária (parte real) é perpendicular ao campo elétrico aplicado e não contribui para qualquer perda efectiva de energia. A energia térmica dissipada é parcialmente devida à componente imaginária, que se encontra na direção do campo elétrico aplicado.

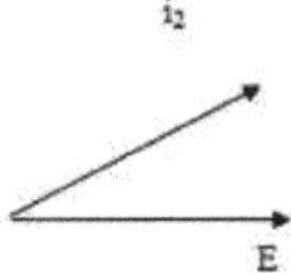

$$I_x = \omega \epsilon'' C V_0 = \omega \epsilon'' \frac{\epsilon_0 A}{d} V_0$$

$$\tag{9.9}$$

Mas $\dfrac{V_0}{d}$ = E= campo elétrico

Assim, $I_x = A \omega \epsilon_0 \epsilon'' E$, $\dfrac{I_x}{A} = (\omega \epsilon_0 \epsilon'')E = \sigma E$, e σ = ac conductivity = $\omega \epsilon_0 \epsilon''$

ou $\quad \epsilon'' = \dfrac{\sigma}{\omega\epsilon_0} = \dfrac{\sigma}{2\pi f\epsilon_0} = \dfrac{\sigma_{ac}}{2\pi f\epsilon_0}$

$$(9.10)$$

Esta σ é definido como condutividade ac e simbolizado como σ_{ac}.

9.2 Polarização

Devido ao facto de todas as cargas de um isolante estarem num estado ligado, este apresenta uma condutividade eléctrica mínima. Como um isolante não tem uma carga livre como um condutor, o campo elétrico aplicado separa as cargas ligadas positiva e negativamente quando é aplicado a um isolante. Podemos dizer que o átomo de um isolante produz um dipolo. Chamamos a isto polarização.

9.2.1 Polarização eletrónica

A polarização eletrónica ocorre quando uma nuvem esférica de electrões com uma densidade de carga uniforme rodeia o núcleo. À semelhança dos vários tipos de mecanismos que mencionámos anteriormente, a polarização eletrónica é um comportamento ressonante. Ocorre quando o equilíbrio entre as forças restauradoras e as forças eléctricas faz com que a densidade eletrónica que rodeia o átomo neutro seja deslocada pelo campo elétrico aplicado. Esta polarização é detectada quando a frequência do campo alternado aplicado é superior a 10^{12} Hz.

9.2.2 Polarização interfacial

Os portadores de carga ficam emaranhados nas interfaces entre diferentes configurações, levando a um relaxamento interfacial. Observa-se um comportamento semelhante na polarização de Maxwell-Wagner-

Sillars quando a fronteira dieléctrica interna ou os eléctrodos externos impedem que os portadores de carga saiam do sistema. Devido à irregularidade molecular, que torna possível a separação de cargas à distância, esta caraterística causa perda dieléctrica. Isto ocorre tipicamente a baixa frequência, abaixo de 1000 Hz. Uma vez que num isolante estão presentes muito poucas cargas livres, estas não são responsáveis pela condução de corrente, mas causam polarização. Durante a polarização, estes electrões não ligados são visíveis no contacto dipolar. Por conseguinte, chama-se polarização interfacial, como se mostra na Fig. 9.1.

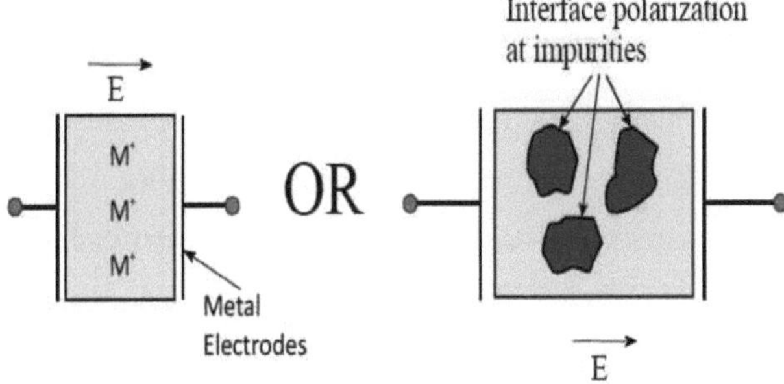

Fig.9.1. Polarização interfacial

9.2.3 Dipolo ou polarização de orientação

O processo de polarização por dipolo ou orientação é observado quando os dipolos induzidos e permanentes se alinham com o campo elétrico externo aplicado. O processo de polarização é dificultado pelo desalinhamento do vetor do dipolo e da direção do campo causado pelo ruído térmico. A viscosidade local é crucial para determinar o tempo que o dipolo demora a relaxar. Por este facto, a importância da temperatura e da frequência para a relaxação do dipolo é igual. É detectado quando a frequência do campo elétrico aplicado se situa na gama de 1MHz a 1000MHz.

9.2.4 Polarização iónica

Os compostos iónicos passam por uma polarização iónica, na qual o campo aplicado força os iões com cargas opostas a fluírem em direcções opostas, criando um momento de dipolo líquido. A polarização iónica é exclusiva dos materiais compostos por dois ou mais tipos de átomos, em que esses átomos partilham os electrões de valência de alguns átomos com os seus vizinhos.

Ao compreender as suas propriedades dieléctricas, podemos prever como um campo elétrico alternado externo afectará a distribuição dos campos electromagnéticos nessas substâncias. A rapidez com que um material aquece quando exposto a ondas de rádio ou micro-ondas pode ser calculada utilizando dados recolhidos sobre as suas caraterísticas dieléctricas. A constante dieléctrica de um material é um número complicado com uma componente real e uma componente imaginária. A constante dieléctrica, uma medida da capacidade de um material para preservar energia na presença de um campo elétrico aplicado, é um componente importante. A parte imaginária representa a perda dieléctrica de um material, que é a sua capacidade de dissipar o calor produzido quando a energia eléctrica é transformada em calor. A capacidade de polarização do material num campo elétrico aplicado é transmitida pelas partes real e imaginária da expressão. As expressões de Debye para a dependência da frequência das partes real e imaginária da constante dieléctrica são apresentadas nas secções 9.11 e 9.12.

$$\varepsilon' = \varepsilon_\infty + \frac{\varepsilon_s - \varepsilon_\infty}{1 + (\omega\tau)^2} \qquad (9.11)$$

$$\varepsilon'' = \frac{(\varepsilon_s - \varepsilon_\infty)\omega\tau}{1 + (\omega\tau)^2} \qquad (9.12)$$

Ao combinar estas duas expressões, obtemos

$$(\varepsilon'')^2 + (\varepsilon' - \varepsilon_\infty)^2 = \frac{(\varepsilon_s - \varepsilon_\infty)^2}{1 + (\omega\tau)^2} \qquad (9.13)$$

Mas da expressão 9.12 $1 + (\omega\tau)^2 = \dfrac{(\varepsilon_s - \varepsilon_\infty)\omega\tau}{\varepsilon''}$

Substituindo isto na expressão 9.13, obtemos

$$(\varepsilon'')^2 + (\varepsilon' - \varepsilon_\infty)^2 = (\varepsilon_s - \varepsilon_\infty)(\varepsilon' - \varepsilon_\infty)$$

Simplificando ainda mais, obtemos

$$(\varepsilon')^2 - (\varepsilon_s + \varepsilon_\infty)\varepsilon' + \varepsilon_s\varepsilon_\infty + (\varepsilon'')^2 = 0$$

(9.14)

Utilizando agora a identidade algébrica

$$\varepsilon_s\varepsilon_\infty = \frac{1}{4}\left[(\varepsilon_s + \varepsilon_\infty)^2 - (\varepsilon_s - \varepsilon_\infty)^2\right]$$

A expressão 9.14 pode ser reescrita como

$$\left(\varepsilon' - \frac{(\varepsilon_s + \varepsilon_\infty)}{2}\right)^2 + (\varepsilon'')^2 = \frac{1}{4}\left[(\varepsilon_s - \varepsilon_\infty)^2\right] \qquad (9.15)$$

A expressão 9.15 é a equação da circunferência de raio

$$\frac{\varepsilon_s - \varepsilon_\infty}{2} \text{ , com centro em } \left(\frac{\varepsilon_s + \varepsilon_\infty}{2}, 0\right)$$

A parte imaginária da constante dieléctrica ε'' tem um valor máximo de $\frac{\varepsilon_s - \varepsilon_\infty}{2}$ e o valor correspondente da parte real da constante dieléctrica será $\frac{\varepsilon_s + \varepsilon_\infty}{2}$.

A constante dieléctrica complexa é apresentada no gráfico de Cole-Cole, com as partes real e imaginária representadas nos eixos horizontal e vertical. Os gráficos de Cole-Cole para materiais que obedecem às relaxações de Debye serão um semicírculo completo com o centro localizado no eixo horizontal. O diagrama de Cole-Cole que mostra um semicírculo perfeito é apresentado na Fig. 9.2. Os pontos de intersecção do semicírculo com o eixo real são ϵ_∞ e ϵ_s.

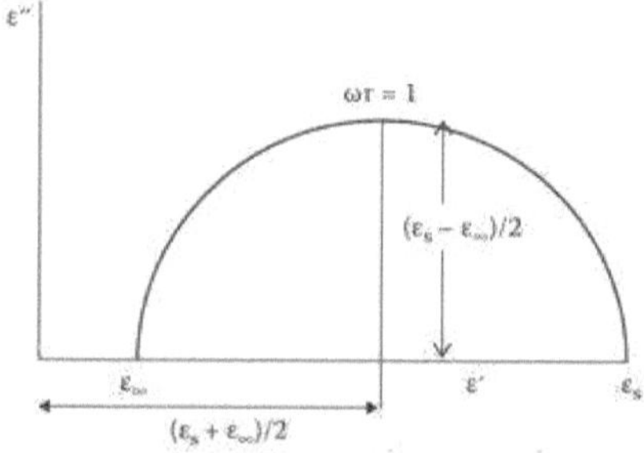

Fig. 9.2. Gráfico de Cole-Cole para materiais que obedecem à relaxação de Debye

As metades real e imaginária da constante dieléctrica de um material variam em função da frequência do campo elétrico aplicado. Isto deve-se ao facto de o material possuir uma variedade de mecanismos de polarização. Existe uma polarização de orientação porque o material contém dipolos eléctricos permanentes, existe uma polarização iónica porque a substância contém iões e existe uma polarização eletrónica porque todos os materiais contêm electrões. Cada processo de polarização tem uma resposta de frequência típica. As polarizações iónica e eletrónica têm caraterísticas de ressonância, mas a polarização de orientação apresenta um padrão de relaxação com uma relaxação fixa.

Devido à sua reduzida mobilidade a frequências mais elevadas, os dipolos não conseguem orientar-se eficazmente em ressonância com o campo elétrico aplicado, uma vez que são mais pesados do que os iões e mais pesados do que os electrões. Na frequência mais baixa, é visível o processo de relaxação associado à polarização de orientação, seguido da polarização iónica na região do infravermelho e da ressonância eletrónica nas frequências ópticas. A Tabela 9.1 apresenta todas as polarizações juntamente com as suas gamas de frequências correspondentes.

TABELA 9.1 Tipos de polarização e gama de frequências

Sl n	Tipo de polarização	Gama de frequências em Hz
1	Carga espacial ou interfacial	$0\text{-}10^6$
2	Dipolo ou orientação	$10^6\text{-}10^9$
3	Iónico	$10^9\text{-}10^{12}$
4	Eletrónico	$10^{12}\text{-}10^{15}$ (frequência ótica)

A uma frequência zero ou num campo elétrico estático, a constante dieléctrica de um material é denotada pelo símbolo ε_s , e ε_∞ é igual a esse valor a alta frequência ou frequência ótica. ε_∞ tem um valor relativamente pequeno porque a polarização eletrónica é o único fator que contribui. Os electrões têm uma massa muito baixa e podem realinhar-se no espetro de frequência ótica num período de tempo muito curto. A expressão 9.12 mostra que ε_∞ é zero na frequência ótica. No entanto, devido às contribuições da polarização de orientação, da polarização iónica e da polarização eletrónica, ε_∞ tende para ε_s e atinge um valor significativo a baixa frequência. De acordo com as relaxações de Debye, existe apenas um mecanismo de polarização e um tempo de relaxação nos materiais, sendo o gráfico de Cole-Cole perfeitamente semicircular.

O processo de relaxação é polidispersivo com múltiplas polarizações, tais como polarização de orientação, polarização iónica e polarização eletrónica, e cada polarização tem o seu próprio tempo de relaxação, quando os gráficos de Cole-Cole são semicírculos imperfeitos com os seus centros deslocados abaixo do eixo horizontal. Os gráficos de Cole-Cole não são um semicírculo completo devido a este carácter polidispersivo. Debye assumiu ainda que todas as partículas são esféricas. Assim, na presença de um campo elétrico externo, a constante dieléctrica não é afetada pelo eixo de rotação das partículas esféricas. O tempo de relaxação nos materiais depende do eixo de rotação e, consequentemente, apresenta um comportamento multi-dispersivo no caso de polímeros de cadeia longa em que as partículas de formas variadas estão dispostas linearmente. A expressão para a constante dieléctrica dos materiais cujo comportamento de relaxação não é exatamente do tipo Debye é

$$\varepsilon = \varepsilon_\infty + \frac{\varepsilon_S - \varepsilon_\infty}{1 + (j\omega\tau_m)^{1-\alpha}} \tag{9.16}$$

'α' é uma medida do comportamento polidispersivo que pode ser utilizada para detetar desvios em relação ao modelo de Debye . A relaxação do tipo Debye, que é obedecida pelos materiais, 'α' tem um valor de zero. Diferentes mecanismos de polarização resultam em diferentes tempos de relaxação. τ_m é o tempo médio de relaxação da polarização num volume.

Substituindo $1 - \alpha$ como n em 9.16,

$$\varepsilon' + j\varepsilon'' = \varepsilon_\infty + \frac{\varepsilon_s - \varepsilon_\infty}{1 + (j\omega\tau_m)^n}$$

$$\varepsilon' + j\varepsilon'' = \varepsilon_\infty + \frac{\varepsilon_s - \varepsilon_\infty}{1 + (\omega\tau_m)^n \left(\cos\dfrac{n\pi}{2} + \sin\dfrac{n\pi}{2} \right)}$$

(9.17)

Igualando a parte real e a parte imaginária, obtemos

$$\varepsilon' = \varepsilon_\infty + (\varepsilon_s - \varepsilon_\infty) \frac{1 + (\omega\tau_m)^n \cos\frac{n\pi}{2}}{1 + 2(\omega\tau_m)^n \cos\frac{n\pi}{2} + (\omega\tau_m)^{2n}} \tag{9.18}$$

$$\varepsilon'' = \varepsilon_s - \varepsilon_\infty \frac{(\omega\tau_m)^n \sin\dfrac{n\pi}{2}}{1 + 2(\omega\tau_m)^n \cos\dfrac{n\pi}{2} + (\omega\tau_m)^{2n}}$$

(9.19)

Para uma relaxação perfeita do tipo Debye, n=1 ou α=0, as expressões 9.18 e 9.19 reduzem-se a 9.11 e 9.12, respetivamente.

9.3 Teoria da espetroscopia de impedância

Na espetroscopia de impedância, uma amostra é sujeita a uma tensão alternada V(t), e a resposta de corrente resultante é registada em função do tempo como I(t). Para funções sinusoidais V(t) e I(t) no domínio do tempo, temos

$$V(t) = V_0 e^{i\omega t}$$

$$I(t) = I_0 e^{i(\omega t + \phi)}$$

$Z(t)$ é a impedância

$$Z(t) = \frac{V(t)}{I(t)} = \frac{V_0 e^{i\omega t}}{I_0 e^{i(\omega t + \phi)}} = \frac{V_0}{I_0} e^{-i\phi}$$

$$Z(t) = Z_0 e^{-i\phi}$$

A variação da tensão e da corrente com o tempo está representada na Fig. 9.3.

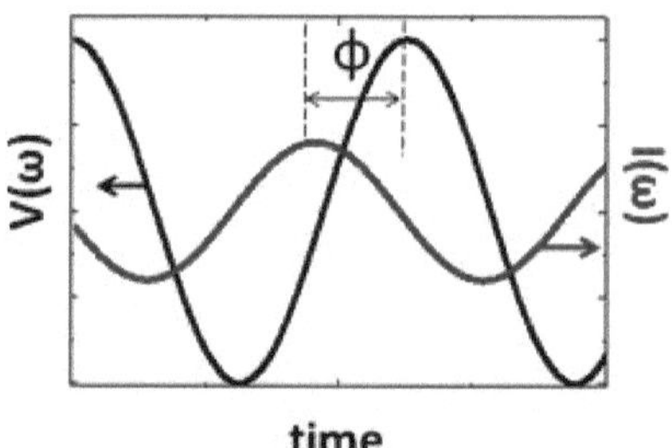

Figura 9.3: Variação da tensão e da corrente com o tempo

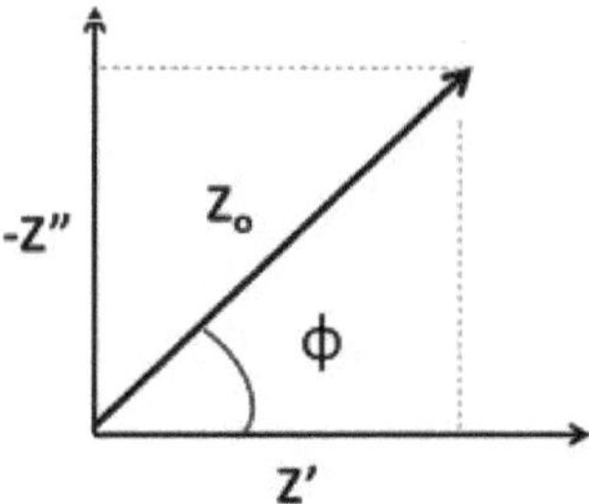

Fig. 9.4. Representação no domínio da frequência de Z

A função Z(t) estabelece uma dependência de frequência entre a saída (Iac) e a entrada (Vac). Fisicamente, a impedância é determinada pela resistência complexa (variável no tempo ou dependente da frequência) da amostra.

Embora o domínio do tempo seja mais fácil de compreender, existem várias vantagens em descrever as funções de impedância no domínio da frequência. A representação de Z no domínio da frequência é mostrada na Fig. 9.4. Para simplificar, podemos agora reduzir a informação da Fig. 9.4 a apenas dois números: a magnitude Zo e o ângulo de fase ϕ . Um espetro de valores de Z no domínio da frequência pode ser gerado alterando a frequência da tensão de entrada.

No plano complexo, Z é expresso como

$$Z(t) = Z_0 e^{-i\phi} = Z_0(\cos\phi - i\sin\phi) = Z_0\cos\phi - iZ_0\sin\phi$$

$$Z = Z' - iZ''$$

Quando $\phi = 0$, Z' é a componente real de Z, quando $\phi = 90°$, Z'' é a componente imaginária, e a magnitude de Z é dada por $Z(t) = \sqrt{(Z')^2 + (Z'')^2}$. De acordo com a lei de Ohm, Z' é a resistência R, que é a oposição da amostra ao fluxo de uma corrente eléctrica. A reactância descreve a resistência da amostra a variações no fluxo de corrente, denotada por Z'' (por vezes escrita como X).

$$Z' = Z_0 \cos\phi \quad \text{e} \quad Z'' = -Z_0 \sin\phi$$

Z'' é normalmente escrito como uma quantidade negativa em física, mas é normalmente escrito como uma quantidade positiva em engenharia

9.3.1 Análise de circuito equivalente para determinação da impedância complexa

Um circuito elétrico equivalente para a determinação da impedância complexa é proposto na Fig.9.5. Z_s e Z_∞ são a impedância do circuito à frequência zero e à frequência ótica, respetivamente.

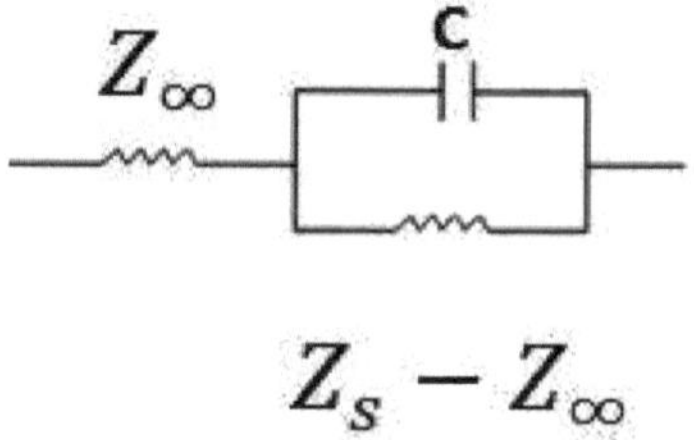

Fig. 9.5. Circuito equivalente para impedância complexa

Resolvendo o circuito equivalente, podemos agora calcular a impedância do circuito de corrente alternada como

C e $Z_s - Z_\infty$ estão em paralelo $\dfrac{1}{Z_2} = \dfrac{1}{Z_s - Z_\infty} + j\omega c$

$$\frac{1}{Z_2} = \frac{1 + (Z_s - Z_\infty)j\omega c}{Z_s - Z_\infty}$$

$$Z_2 = \frac{Z_s - Z_\infty}{1 + (Z_s - Z_\infty)j\omega c}$$

Agora Z_2 e Z_∞ estão em série.

$$Z = Z_\infty + \frac{Z_s - Z_\infty}{1 + (Z_s - Z_\infty)j\omega c}$$

Decompondo a impedância nas suas componentes real e imaginária, a parte real da impedância (Z') é obtida como

$$Z' = Z_\infty + \frac{Z_s - Z_\infty}{1 + (Z_s - Z_\infty)^2 \omega^2 c^2}$$

$$Z' = Z_\infty + \frac{Z_s - Z_\infty}{1 + \omega^2 \tau^2}$$

(9.20)

Onde $\tau = (Z_s - Z_\infty)c$

A parte imaginária da impedância é obtida como

$$Z'' = \frac{(Z_s - Z_\infty)\omega\tau}{1 + (\omega\tau)^2}$$

(9.21)

Ao organizar as expressões 9.20 e 9.21, obtemos

$$(Z'')^2 + (Z' - Z_\infty)^2 = \frac{(Z_s - Z_\infty)^2}{1 + (\omega\tau)^2}$$

(9.22)

Mas nós sabemos $1+(\omega\tau)^2 = \dfrac{(Z_s - Z_\infty)\omega\tau}{Z"}$

Substituindo isto na expressão 9.22, obtemos

$$(Z")^2 + (Z'-Z_\infty)^2 = (Z_s - Z_\infty)(Z'-Z_\infty)$$

Simplificando ainda mais, obtemos

$$(Z')^2 - (Z_s + Z_\infty)Z' + Z_s Z_\infty + (Z")^2 = 0$$

(9.23)

Utilizando agora a identidade algébrica

$$Z_s Z_\infty = \frac{1}{4}\left[(Z_s + Z_\infty)^2 - (Z_s - Z_\infty)^2\right]$$

A expressão 9.23 pode ser reescrita como

$$\left(Z' - \frac{(Z_s + Z_\infty)}{2}\right)^2 + (Z")^2 = \frac{1}{4}\left[(Z_s - Z_\infty)^2\right]$$

(9.24)

A expressão 9.24 é a equação de uma circunferência de raio

$\dfrac{Z_s - Z_\infty}{2}$, com centro em $\left(\dfrac{Z_s + Z_\infty}{2}, 0\right)$

O valor máximo da impedância imaginária é $\dfrac{Z_s - Z_\infty}{2}$, e o valor da impedância real é $\dfrac{Z_s + Z_\infty}{2}$.

O gráfico de Nyquist representa a impedância complexa, com o componente real no eixo horizontal e o componente imaginário na vertical. Os materiais que seguem as relaxações de Debye terão gráficos de Nyquist que se assemelham a um semicírculo perfeito, com os seus centros no eixo horizontal e os seus pontos de intersecção localizados em Z_s e Z_∞. O diagrama de Nyquist que apresenta um semicírculo perfeito é apresentado na Fig. 9.6 [2].

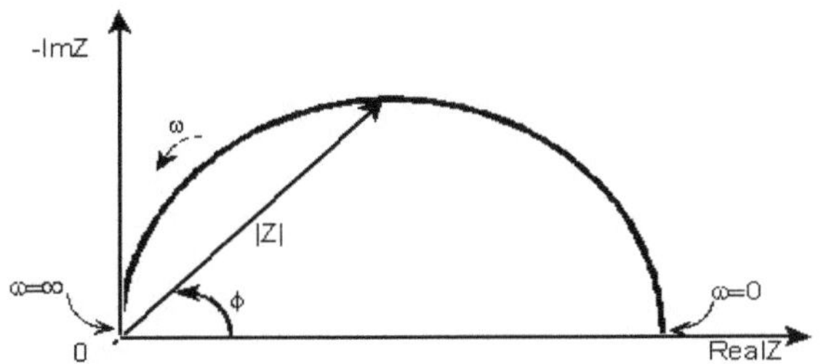

Fig. 9.6. Gráfico de Nyquist para material que obedece à relaxação de Debye

Quando um campo elétrico é aplicado a um material, a frequência do campo determina o valor das componentes real e imaginária da impedância do material. Isto deve-se ao facto de existirem vários mecanismos de polarização na substância em consideração. A partir da expressão (9.20), observa-se que a parte real da impedância Z' se aproxima de Z_∞ a uma frequência muito elevada. Z_∞ recebe o seu valor insignificante inteiramente da polarização eletrónica. No entanto, a baixas frequências, Z' aproxima-se de Z_s e atinge um valor elevado devido aos efeitos combinados da polarização de orientação, da polarização iónica e da polarização eletrónica. Em frequências ópticas, como mostra a expressão 9.21, Z'' é zero. Z'' volta a ser zero quando sujeito a um campo elétrico estático.

9.3.2 Relaxamento Cole - Cole

O processo de relaxação é polidispersivo quando os gráficos de Nyquist são inerentemente semicírculos defeituosos com os seus centros deslocados abaixo do eixo horizontal. Isto significa que existem múltiplas polarizações, como a polarização de orientação, a polarização iónica e a polarização eletrónica, e que cada polarização tem o seu próprio tempo de relaxação. Esta qualidade polidispersiva causa desvios de um semicírculo perfeito nos gráficos de Nyquist.

$$Z = Z_\infty + \frac{Z_S - Z_\infty}{1 + (j\omega\tau_m)^{1-\alpha}} \tag{9.25}$$

Substituindo agora $1 - \alpha$ como n e expandindo-o, obtemos

$$Z' + jZ'' = Z_\infty + \frac{(Z_S - Z_\infty)}{1 + (j\omega\tau_m)^n}$$

$$Z' + jZ'' = Z_\infty + \frac{(Z_S - Z_\infty)}{1 + (\omega\tau_m)^n(\cos\frac{n\pi}{2} + \sin\frac{n\pi}{2})} \tag{9.26}$$

Igualando a parte real e a parte imaginária em 9.26, obtemos

$$Z' = Z_\infty + (Z_S - Z_\infty)\frac{1 + (\omega\tau_m)^n\cos\frac{n\pi}{2}}{1 + 2(\omega\tau_m)^n\cos\frac{n\pi}{2} + (\omega\tau_m)^{2n}} \tag{9.27}$$

$$Z'' = (Z_S - Z_\infty)\frac{(\omega\tau_m)^n\sin\frac{n\pi}{2}}{1 + 2(\omega\tau_m)^n\cos\frac{n\pi}{2} + (\omega\tau_m)^{2n}} \tag{9.28}$$

Para uma relaxação perfeita do tipo Debye, n=1 ou α=0, as expressões 9.27 e 9.28 reduzem-se a 9.20 e 9.21, respetivamente.

Rearranjando as expressões 9.27 e 9.28, obtemos

$$\left(Z' - \tfrac{Z_s+Z_\infty}{2}\right)^2 + \left(Z'' + \tfrac{Z_s-Z_\infty}{2}\cot\tfrac{n\pi}{2}\right)^2 = \left(\tfrac{Z_s-Z_\infty}{2}\cosec\tfrac{n\pi}{2}\right)^2$$

$$(9.29)$$

A expressão 9.29 representa a equação de uma circunferência com centro em

$$\left(\tfrac{Z_s+Z_\infty}{2}, \tfrac{Z_s-Z_\infty}{2}\cot\tfrac{n\pi}{2}\right) \text{ e um raio } \left(\tfrac{Z_s-Z_\infty}{2}\cosec\tfrac{n\pi}{2}\right)$$

Observa-se que a coordenada y do centro é negativa, ou seja, o centro situa-se abaixo do eixo Z' .

O valor máximo Z'' para o tipo de relaxação não Debye é obtido como

$$Z'' = \tfrac{Z_s-Z_\infty}{2}\tan(1-\alpha)\tfrac{\pi}{4} \qquad (9.30$$

Os desvios das relaxações de Debye aumentam à medida que $'\alpha'$ aumenta. A partir da expressão (9.30), os valores de $'\alpha'$ podem ser estimados. Reorganizando as expressões (9.28) e (9.29), obtém-se

$$\frac{(Z_s-Z)^2+(Z'')^2}{(Z'-Z)^2+(Z'')^2} = (\omega\tau_m)^{1-\alpha} \qquad (9.31)$$

Em contraste com os modelos físicos que sustentam as restantes expressões desta secção, a expressão (9.31) é uma relação empírica que representa o comportamento da impedância em termos de funções matemáticas. O tempo médio de relaxação do volume τ_m é avaliado utilizando a expressão 9.31

9.3.3 Grão e limites de grão

Os cristais individuais são conhecidos como "grãos". Todos os átomos de um único grão estão dispostos numa orientação e num arranjo específicos. Um "limite de grão" é a intersecção de dois grãos que estão próximos um do outro. Alguns átomos não estão precisamente alinhados com qualquer um dos grãos na área de transição conhecida como fronteira de grão. Uma fronteira de grão é um defeito planar que se desenvolve quando dois desses cristalitos colidem, ambos os lados têm uma estrutura cristalina e uma composição química idênticas, mas a sua orientação varia. Devido à sua disposição atómica distinta em comparação com o grão a granel, os limites de grão nos materiais aumentam normalmente a resistividade eléctrica. Um pequeno semicírculo a altas frequências representa o efeito do grão, enquanto semicírculos grandes a baixas frequências representam o efeito de contorno de grão e o efeito de intereléctrodo, e juntos formam a curva Z' vs. Z". A resistência do grão (R_b), o limite do grão (R_{gb}) e a resistência entre eléctrodos (R_{el}) são todos determinados pela interceção do semicírculo no eixo real, que representa a impedância da amostra como um todo.

9.3.4: Elemento de fase constante (CPE)

Em algumas configurações, esperava-se que o gráfico de Nyquist, também chamado gráfico de Cole-Cole ou gráfico do plano de impedância complexa, fosse um semicírculo com o seu centro no eixo x. Na realidade, porém, o gráfico observado era o arco de um círculo, com o seu centro um pouco abaixo do eixo x. Dependendo das caraterísticas do sistema em estudo, foram utilizados vários fenómenos para explicar estes semicírculos deprimidos. No entanto, o facto de algumas propriedades do sistema não serem homogéneas ou de existir alguma distribuição (dispersão) do valor de algumas propriedades físicas do sistema, une estas interpretações. Os elementos de fase constante (CPE) representam uma capacitância não ideal. A impedância de uma capacitância ideal é $\dfrac{1}{j\omega C}$ ou

$$\dfrac{1}{j\omega Q^0}$$

A admitância de uma capacitância não-ideal ou CPE é expressa como

$$\frac{1}{Z} = Y = Q^0 \left(j\omega \right)^n \tag{9.32}$$

onde Q^0 é o valor numérico da admitância ($1/\,|Z|$) a $\omega=1$ rad/s.

O ângulo de fase da impedância CPE, calculado pela expressão 9.32, é de $-\left(90*n\right)$ graus, independentemente da frequência. Isso dá ao CPE o nome de elemento de fase constante. Para n $=1, Q^0$ é conhecida como a capacitância ideal do circuito

$$\frac{1}{Z} = Y = Q^0 \left(j\omega \right) = j\omega C$$

A depressão no gráfico de Nyquist é dada por $\left(90*1-n\right)$. Diversos factores, incluindo a rugosidade da superfície, a distribuição da taxa de reação, a espessura ou composição não uniforme do material e a distribuição não uniforme da corrente, podem contribuir para um gráfico de Nyquist deprimido. A Fig. 9.7 representa o gráfico de Nyquist para um material não ideal, em que o centro do semicírculo está deprimido em $(1\text{-}n)90^0$ [3-4].

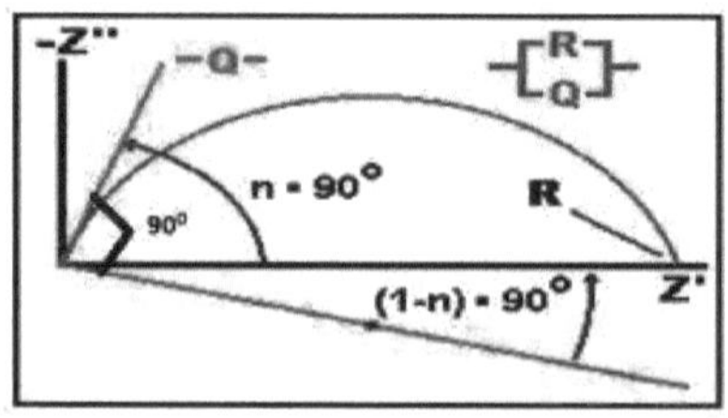

Fig.9.7.Gráfico de Nyquist para material não ideal

9.4 Amostragem

Foram desenvolvidas folhas rectangulares (três amostras por categoria para verificar a reprodutibilidade) com uma espessura de 0,2 cm e uma área de 1 cm^2 como amostras para medições dieléctricas e de impedância.

9.5 Experimentais

Utilizando um método de dois eléctrodos calibrado por um medidor LCR (HIOKI IM 3536, Japão), foram registadas as respostas dieléctricas/impedância de cada amostra. O medidor LCR estava equipado com uma interface de computador para permitir a leitura automática e o registo de dados. As avaliações foram efectuadas na gama de frequências de 4 Hz a 4 MHz para 400 pontos de frequência, mantendo a temperatura constante a 26^0 C. Os parâmetros medidos são a capacitância paralela, a fase, a impedância e o fator de perda. A amostra foi colocada entre dois eléctrodos de prata com um diâmetro de 1 cm num plano paralelo para criar um condensador de placas paralelas. Foi mantida no lugar com uma pressão constante utilizando dois clips isolados. Um campo elétrico entre as placas induz uma densidade de carga. O potencial entre as placas é calculado através da medição da capacitância, do ângulo de fase, da impedância e da perda dieléctrica.

9.6 Resultados e discussão

Neste capítulo, são estudadas as propriedades dieléctricas de amostras de compósitos de matriz PLA pristina e de amostras de compósitos de matriz PLA induzidas por fibras IFS tratadas a plasma. Foi investigada a influência da frequência e do tempo de irradiação da fibra tratada com plasma na constante dieléctrica, perda dieléctrica, condutividade ac e impedância. O comportamento dielétrico/impedância foi avaliado no espetro de frequência 4Hz - 4MHz mantendo a temperatura a 26^0 C.

9.7 Estudo da constante dieléctrica

9.7.1 Dependência da frequência da constante dieléctrica do PLA e de todas as amostras compósitas

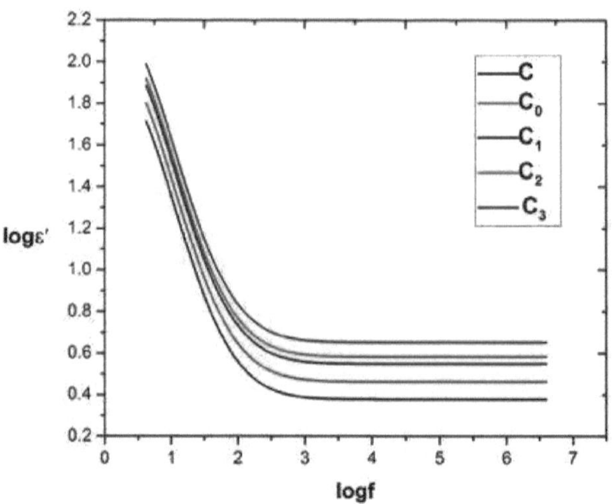

Fig. 9.8. Variação log-log da constante dieléctrica com a frequência do PLA e de todas as amostras compósitas

A variação log-log dependente da frequência na parte real da constante dieléctrica para o PLA puro e para todas as amostras compósitas é apresentada na Fig. 9.8. A Fig.9.8 mostra a reação das constantes dieléctricas relativas das amostras C, C_0 , C_1 , C_2 e C_3 à variação da frequência. A resposta em frequência da constante dieléctrica relativa de uma amostra pura (C) é utilizada como referência. C é o PLA puro. Os resultados medidos demonstram que a adição de IFS ao PLA não teve qualquer impacto no comportamento global da curva de dispersão. Por outras palavras, o PLA comporta-se da mesma forma que a amostra pura. No entanto, com a adição da fibra IFS e o aumento do tempo de irradiação, particularmente no lado das baixas frequências, a constante dieléctrica apresenta um aumento relativamente bom. A Tabela 9.2 apresenta os valores da parte real da constante dieléctrica do PLA puro e de outras amostras compósitas a frequências de 4Hz, 100Hz, 1kHz, 10kHz, 1MHz e 4MHz. Os dados dieléctricos são registados mantendo a temperatura constante a 26^0 C.

A Tabela 9.2 mostra que entre 4Hz e 4MHz, a constante dieléctrica do PLA puro desce de 53,33 para 2,39. Todas as amostras compostas exibem uma flutuação semelhante na constante dieléctrica com a variação da frequência. A expressão (9.11) justifica claramente a queda da constante dieléctrica com o aumento da frequência. O intervalo de tempo é maior quando o campo elétrico aplicado tem uma frequência baixa. Este período prolongado garante que as moléculas polares, como os grupos -OH presentes no PLA, mantêm a sua orientação em reação ao campo elétrico externo. Como resultado, o material apresenta uma forte polarização de orientação a baixas frequências. Para além da elevada polarização de orientação. A polarização interfacial também é alta na baixa frequência.

TABELA 9.2. Valores da constante dieléctrica do PLA e de todas as amostras compósitas a diferentes frequências, mantendo a temperatura a 26 C^0

Amostras	Constante dieléctrica (ε') a 26 C^0					
	4Hz	100Hz	1kHz	10kHz	1MHz	4 MHz
C(PLA puro)	53.33	5.29	2.42	2.40	2.39	2.39
C_0 (PLA/5% wt de fibra IFS não tratada)	65.34	6.45	2.95	2.93	2.92	2.92

C_1 (PLA/1,5 min fibra IFS tratada com plasma)	79.72	7.87	3.59	3.57	3.56	3.56
C_2 (fibra IFS tratada com plasma PLA/3 min)	86.09	8.50	3.87	3.85	3.84	3.84
C_3 (PLA/4.5 min plasma fibra IFS tratada)	100.72	9.95	4.53	4.51	4.50	4.50

A Tabela 9.2 também mostra que a amostra composta C_0 (composto de PLA/5% de fibra IFS não tratada) tem uma constante dieléctrica mais elevada do que o PLA (53,33 vs. 65,34). As condutividades eléctricas e as estruturas cristalinas do PLA e da fibra IFS de enchimento são diferentes. A polarização interfacial resulta das diferentes condutividades do reforço e da matriz. Como resultado, o material compósito tem uma constante dieléctrica elevada na zona de baixa frequência porque a polarização interfacial domina a baixas frequências em comparação com todas as outras polarizações. A constante dieléctrica de um material muda com a frequência do campo elétrico aplicado. Este facto deve-se à presença de uma variedade de mecanismos de polarização. Existe uma polarização de orientação porque o material contém dipolos eléctricos permanentes, existe uma polarização iónica porque a substância contém iões e existe uma polarização eletrónica porque todos os materiais contêm electrões.

Cada polarização tem uma resposta de frequência distinta. Em contraste com o comportamento de ressonância observado nas polarizações iónica e eletrónica, a polarização de orientação apresenta um padrão de relaxação com uma constante de tempo fixa. Uma vez que os dipolos são mais pesados do que os iões e os iões são mais pesados do que os electrões, não conseguem orientar-se eficazmente de acordo com o campo elétrico externo a frequências mais elevadas, onde a sua mobilidade é maximizada. Na frequência mais baixa, é visível o processo de relaxação correspondente à polarização de orientação, seguido da polarização iónica na região do infravermelho e, finalmente, da ressonância eletrónica nas frequências ópticas. Uma vez que a polarização de orientação, a polarização iónica e a polarização eletrónica contribuem para a constante dieléctrica a baixas frequências, esta tende a ser bastante grande. No entanto, a polarização eletrónica contribui para a constante dieléctrica a altas frequências ou a frequências ópticas [5].

Quando expostas ao plasma frio, as moléculas de celulose nas fibras IFS separam-se umas das outras, revelando um número crescente de grupos polares. Além disso, a irradiação de plasma torna mais espécies iónicas disponíveis. Mais portadores de carga resultam numa maior orientação e polarização iónica, o que aumenta a constante dieléctrica à medida que a exposição ao plasma aumenta. De acordo com a Tabela 9.2, a constante dieléctrica do PLA puro aumenta à medida que a exposição ao plasma na fibra IFS de enchimento se prolonga. A constante dieléctrica a 4Hz aumentou de 53,33 no PLA puro para 65,34 no C_O (PLA/5% wt de fibra IFS não irradiada), para 79,72 no C_1 (PLA/1,5 min de fibra tratada com plasma de ar), para 86,09 no C_2 (PLA/3.0 min de fibra tratada com plasma de ar) e para 100,72 em C_3 (PLA/4,5 min de fibra tratada com plasma de ar), respetivamente, com um aumento máximo de 88,9% na amostra composta C_3 (PLA/4,5 min de fibra tratada com plasma de ar)[5].

Um campo interno diferente, oposto ao campo exterior, é induzido quando um material é exposto a um campo elétrico externo. A relaxação é o processo através do qual um material regressa ao equilíbrio após a remoção de um campo externo. Como cada mecanismo que causa a polarização é único, o tempo de relaxamento de cada mecanismo também é único. O tempo de relaxamento médio universal para polarizações é denotado pelo símbolo τ_m e ocorre numa escala volumétrica. Em frequência zero ou num campo elétrico externo estático, a constante dieléctrica de um material é ε_s, e em alta frequência ou frequência ótica, o valor é ε_∞. A componente real da constante dieléctrica aproxima-se de ε_∞ a frequências extremamente elevadas, como se pode ver na expressão (9.11). Como a polarização eletrónica é a única fonte de ε_∞, o seu valor é extremamente baixo. Os electrões têm uma massa tão baixa que podem reorientar-se instantaneamente na gama de frequências ópticas. A frequências ópticas, como mostra a expressão (9.12), ε'' é zero. A baixas frequências, no entanto, ε' tende a ε_s e atinge um valor elevado devido aos efeitos combinados da polarização de orientação, da polarização iónica e da polarização eletrónica. A Fig.9.9 mostra um gráfico da componente real da constante dieléctrica complexa versus a frequência para o PLA puro. A curva de melhor ajuste para a dispersão dieléctrica é incluída após os dados dieléctricos medidos terem sido ajustados. As linhas vermelhas são o gráfico de melhor ajuste, e os símbolos em bloco são os valores medidos. Os valores de ε_s ε_∞, α e τ_m obtidos a partir das curvas ajustadas para a matriz de PLA puro e outras amostras compósitas estão listados na tabela 9.3.

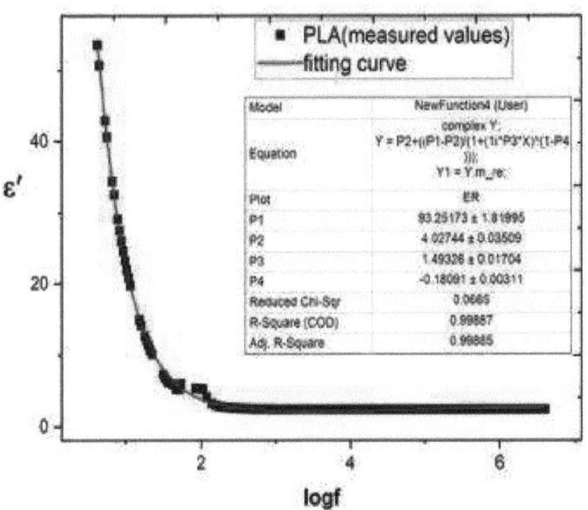

Fig.9.9. Curva de ajuste da dependência da frequência da constante dieléctrica para PLA puro

A constante dieléctrica do PLA puro, obtida a partir das curvas ajustadas, diminui de ε_s = 93,25 para ε_∞ = 4,02. Para todas as amostras compostas, a constante dieléctrica varia de forma semelhante à medida que a frequência muda. A expressão 9.11 fornece um suporte sólido para a tendência de diminuição da constante dieléctrica com o aumento da frequência. Isto é claro a partir dos valores pré-mediados na tabela 9.3, onde os valores de α para todas as amostras compostas variam de 0 a 1.

Estes valores servem de indicador da atividade polidispersiva do material. Além disso, o valor de α é máximo para o PLA puro e diminui muito ligeiramente com a introdução de cargas no PLA. Uma diminuição em α está relacionada tanto com um grande valor do componente real da constante dieléctrica como com um grande valor do tempo médio de relaxamento. Os valores mais elevados do tempo médio de relaxação nas amostras compósitas em comparação com o PLA são atribuíveis ao reforço que ocorre nos materiais compósitos, o que prolonga o tempo médio de relaxação.

155

TABELA 9.3. Valores medidos dos parâmetros de ajuste da dispersão dieléctrica

Amostras	ε_S	ε_∞	α	τ_m
C(PLA puro)	93.25173± 1.81995	4.02744± 0.03509	-0.18091± 0.00311	1.49326± 0.01705
C_0 (PLA/5% wt de não tratado Fibra IFS)	113.76711± 2.2034	4.91348± 0.04281	-0.17991± 0.00312	1.68326± 0.01704
C_1 (fibra IFS tratada com plasma PLA/1,5min)	138.79592± 2.70882	5.99445± 0.05223	-0.17091± 0.00311	1.98625± 0.01804
C_2 (fibra IFS tratada com PLA/3min de plasma)	149.89958± 2.92552	6.474± 0.05641	-0.16095± 0.00311	1.99782± 0.01904
C_3 (fibra IFS tratada com plasma PLA/4,5min)	175.38247± 3.42266	7.57458± 0.066	-0.14581± 0.00311	2.09326± 0.01906

9.8 Estudo da perda dieléctrica

9.8.1 Dependência da frequência da perda dieléctrica do PLA e de todas as outras amostras compósitas

A perda dieléctrica mede a quantidade de energia electromagnética que um material dielétrico dissipa. Num dielétrico, a dissipação de energia electromagnética manifesta-se de duas formas distintas. A perda por condução ocorre quando a carga se dissipa através de uma substância e produz perda de energia. Em contrapartida, a perda dieléctrica resulta do movimento de cargas no interior do material, quando a polarização se altera em resposta a um campo elétrico alternado externo. Além disso, à medida que a frequência do campo elétrico externo aplicado se altera, os portadores de carga que se deslocam através do dielétrico ficam presos contra um local de defeito. Os portadores de carga que ficam presos provocam a formação de uma carga de polaridade oposta nas proximidades. Os dipolos, as impurezas presentes nas amostras e as falhas estruturais podem servir como locais de defeito. Como resultado, as cargas tornam-se imóveis, o que reduz a condutividade. Em materiais com uma constante dieléctrica maior, a perda dieléctrica tende a ser maior. A Tabela 9.4 mostra a perda dieléctrica do PLA e de todas as outras amostras compostas (C_0 , C_1 ,C_2, e C) $_3$

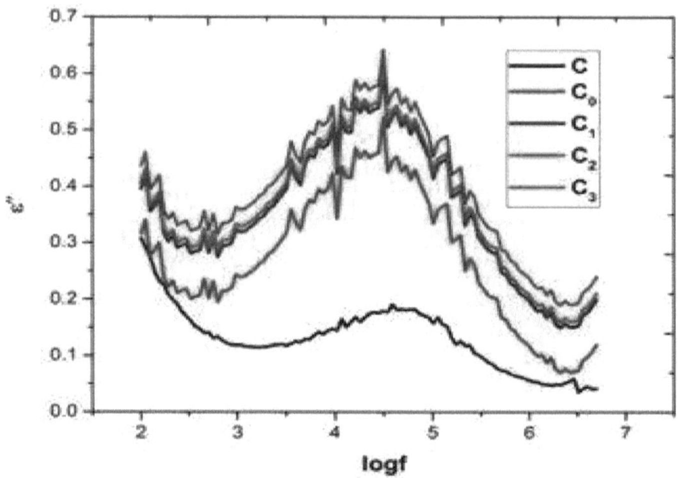

Fig.9.10. Variação da perda dieléctrica do PLA e de todas as amostras compósitas

TABELA 9.4: Valores da perda dieléctrica do PLA e de todas as amostras compósitas a diferentes frequências, mantendo a temperatura a 26 C^0

Amostras	Perda dieléctrica (ε'')a 26 C^0					
	4Hz	100Hz	1kHz	10kHz	1MHz	4 MHz
C(PLA puro)	0.30758	0.11881	0.1448	0.05363	0.04489	0.30758
C_0 (PLA/5% wt de fibra IFS não tratada)	0.31976	0.23865	0.34263	0.10687	0.09766	0.31976

C_1 (PLA/1,5 min fibra IFS tratada com plasma)	0.39814	0.31865	0.42263	0.18687	0.17766	0.39814
C_2 (fibra IFS tratada com plasma PLA/3 min)	0.40559	0.32865	0.43263	0.19687	0.18766	0.40559
C_3 (PLA/4.5 min plasma fibra IFS tratada)	0.43679	0.35865	0.46263	0.22687	0.21766	0.43679

A flutuação da perda dieléctrica dependente da frequência está representada na Fig.9.10. As propriedades dieléctricas de um polímero são afectadas pela sua distribuição de cargas e pela mobilidade térmica estatística dos numerosos grupos polares presentes no polímero. As relaxações perfeitas do tipo Debye dos sólidos são raramente observadas, e as respostas dieléctricas são descritas em frequência de acordo com leis de potência universais com expoentes fraccionários, como se mostra na equação (9.11). As expressões 9.12 e 9.19 sugerem que o espetro de perda dieléctrica deve ser como uma curva de ressonância, onde a perda é mínima tanto a baixa frequência como a alta frequência. A Tabela 9.3 mostra que o valor do expoente fracionário α para o PLA puro é 0,18091. Isto é mostrado na Fig.9.10, onde se pode ver que o espetro de perda dieléctrica do PLA puro obedece parcialmente à relaxação de Debye, com uma frequência de relaxação próxima de 45000 Hz. O impacto do tratamento com plasma no espetro de perda dieléctrica é também observado na Fig.9.10. As amostras compostas C_0 , C_1 , C_2 , e C_3 não apresentam todas relaxação de Debye. Porque só os defeitos pontuais em cristais sem defeitos podem proporcionar a relaxação de Debye perfeita. Todas as amostras compostas mostram um aumento da perda dieléctrica nas gamas de baixa e alta frequência em comparação com o PLA puro. Para uma carga de fibra fixa a 5% e uma frequência de 100 Hz, a perda dieléctrica do material compósito aumenta de 0,30758 no PLA virgem para 0,31976 na amostra C_0 (PLA/ 5%wt de fibra IFS não tratada), 0.39814 na amostra C_1 (PLA/ 1,5 min de fibra IFS tratada com plasma de ar), 0,40559 na amostra composta C_2 (PLA/ 3,0 min de fibra IFS tratada com plasma de ar) e para 0,43679 na amostra C_3 (PLA/ 4,5 min de fibra IFS tratada com plasma de ar).

À medida que o tempo de exposição ao plasma aumenta, mais moléculas polares ficam disponíveis na fibra, levando a uma maior perda dieléctrica. As Fig. 9.9 e Fig. 9.10 mostram que, à medida que se desce para a gama de baixas frequências, os componentes imaginários e reais da constante dieléctrica aumentam. As amostras compósitas podem ser consideradas como sistemas dominados por cargas, e a polarização que resulta desta situação é o que aumenta as propriedades dieléctricas no domínio das baixas frequências. Para além da dominância de carga observada nas amostras compósitas, a presença de humidade na fibra IFS tende a aumentar a polarização dipolar e interfacial, o que, por sua vez, explica os valores mais elevados do fator de perda observados para estes materiais a frequências mais baixas. O fluxo de partículas carregadas através das fronteiras das duas fases é o que causa a polarização interfacial. Devido a deslocamentos de carga significativos, produz um momento de dipolo forte e efetivo. Como resultado da fricção interna, há perdas dieléctricas significativas. Devido à probabilidade de a transferência máxima de energia ocorrer nas proximidades, a perda dieléctrica atinge um valor máximo a uma frequência próxima da relaxação.

9.9 Estudo da condutividade ac

A densidade de corrente total no eletromagnetismo é uma função da densidade de corrente de condução e da densidade de corrente de deslocamento. A corrente de deslocamento resulta do movimento dos portadores de carga no dielétrico em consequência de diferentes mecanismos de polarização. A densidade total de corrente é expressa como

$$J = J_c + J_d$$

(9.33)

$$J_d = \frac{\partial D}{\partial t} = \frac{\partial}{\partial t}\varepsilon E = \frac{\partial}{\partial t}\varepsilon E_0 e^{-j\omega t} = -j\omega\varepsilon E = \sigma E$$

(9.34)

D denota a corrente de deslocamento e é expressa em $D=\varepsilon E$. Para a tensão alternada aplicada, a condutividade do material é conhecida como condutividade ac (σ)

$$\sigma = -j\varepsilon_0\varepsilon\omega = -j\varepsilon_0\left(\varepsilon' + j\varepsilon''\right)\omega = \varepsilon_0\varepsilon''\omega - j\varepsilon_0\varepsilon'\omega$$

(9.35)

Além disso, existe uma parte real (σ') e uma parte imaginária (σ'') para a condutividade ac (σ).

Calculando a componente imaginária da constante dieléctrica, a componente real da condutividade ac é expressa como

$$\sigma' = \left(\omega \varepsilon_0 \varepsilon'' \right)$$

(9.36)

ω representa a frequência em radianos da fonte de tensão alternada.

Tabela 9.5: Valores da condutividade eléctrica do PLA e de todas as amostras compósitas a diferentes frequências, mantendo a temperatura a 26^0 C.

Amostras	Condutividade Ac (x 10^{-9} ohm^{-1} m^{-1}) a 26 C ^{0}					
	4Hz	100Hz	1kHz	10kHz	1MHz	4MHz
C(PLA puro)	1.70	7.13	84.37	3276.32	10046.20	1.70
C_0 (PLA/5% wt de fibra IFS não tratada)	1.77	14.34	199.64	6528.81	21855.9	1.77
C_1 (PLA/1,5 min fibra IFS tratada com plasma)	2.21	19.14	246.25	11416.10	39759.5	2.21
C_2 (fibra IFS tratada	2.25	19.74	252.085	12027	41997.40	2.25

com plasma PLA/3 min)						
C_3 (PLA/4.5 min plasma fibra IFS tratada)	2.42	21.54	269.56	13859.8	48711.30	2.42

A Tabela 9.5 apresenta os valores medidos da parte real da condutividade ac para o PLA puro e para outras amostras compósitas nas gamas de baixa frequência e de frequência ótica. As mesmas amostras do material em investigação são investigadas quanto à dependência da frequência da condutividade CA nas mesmas condições pré-existentes, que incluem uma gama de frequências de 100 Hz a 4,0 MHz à temperatura e humidade ambientes. A Tabela 9.5 mostra que a condutividade do PLA puro é de 1,70 n ohm^{-1} m^{-1} a uma frequência de 100 Hz. Aumenta para 7,33 n ohm^{-1} m^{-1} a uma frequência de 1K Hz, 84,37 n ohm^{-1} m^{-1} a uma frequência de 10K Hz, 3276,32 n ohm^{-1} m^{-1} a uma frequência de 1M Hz e 10046 n ohm^{-1} m^{-1} a uma frequência de 4 MHz. O PLA puro apresenta uma condutividade muito baixa e comporta-se como isolante a baixas frequências. À medida que a frequência do campo elétrico aplicado começa a aumentar, o mesmo acontece com a condutividade. Está bem estabelecido que a frequência do campo elétrico aplicado influencia diretamente a densidade de corrente de condução efectiva e a densidade de corrente de deslocamento. A densidade de corrente total aumentará à medida que a frequência aumenta, aumentando a condutividade do PLA puro juntamente com estas duas densidades de corrente.

Ao descrever a componente CA que contribui para a área dispersiva, é frequentemente utilizada a lei universal de Jonscher, ou seja, $\sigma_{ac} = k\omega^n$, em que n é um expoente fracionário que é tipicamente considerado uma constante inferior a 1[5]. Este comportamento é observado numa grande variedade de materiais, incluindo polímeros, compostos de polímeros condutores, cerâmicas, vidros condutores de iões e cristais iónicos fortemente dopados. Os materiais desordenados apresentam um aumento notável da condutividade eléctrica com a frequência. O aumento da condutividade pode ser devido à presença de portadores de carga no espetro de frequência ótica. A condutividade aumenta com a frequência depois de os parâmetros dieléctricos aumentarem em forma de lei de potência. O aumento gradual da condutividade no domínio das baixas frequências é mais um apoio à existência de dispersão de baixa frequência. Uma vez que a condutividade dc é independente da frequência, o aumento da condutividade nesta situação é apenas atribuível à componente ac da condutividade. A frequências mais elevadas, o impacto do aumento da carga de enchimento é mais pronunciado.

Em todos os casos, verificou-se que a condutividade e a constante dieléctrica dos compósitos aumentaram à medida que a carga de enchimento também aumentou. Isto deve-se principalmente ao facto de estas cargas naturais incluírem água e de se prever que tenham grupos polares de celulose. Na ausência de um campo elétrico, a polarização líquida destes grupos polares é zero porque as suas orientações tendem a ser completamente aleatórias. A constante dieléctrica aumenta quando é aplicado um campo elétrico porque os grupos polares se alinham com o campo. Da mesma forma, à medida que a frequência do campo elétrico aplicado aumenta, a aleatoriedade nas direcções dos grupos polares aumenta, resultando num valor mais baixo da constante dieléctrica. Todos os materiais compósitos testados apresentam tendências de condutividade eléctrica extremamente semelhantes às do PLA puro, em que a condutividade eléctrica aumenta com o aumento da frequência.

Quando o plasma é aplicado a uma fibra durante períodos mais longos e quando a fibra IFS é carregada em amostras compósitas, a condutividade ac das amostras aumenta consideravelmente. A 100 Hz, a condutividade CA do PLA puro é de $1{,}70n$ ohm^{-1} m^{-1} , enquanto que a mesma propriedade para a amostra composta C_0, que contém 5% em peso de fibra IFS não tratada como reforço, é de $1{,}77n$ ohm^{-1} m^{-1}. Cada vez mais grupos funcionais ficam disponíveis à medida que a fibra é carregada na matriz, aumentando a condutividade. Uma vez que estão disponíveis mais grupos funcionais polares com o aumento do tempo de exposição ao plasma, a condutividade CA também aumenta. À medida que o tempo de exposição ao plasma aumenta, a condutividade pode aumentar através do aumento da quantidade e da mobilidade dos portadores de carga livre através da tesoura de cadeia ramificada. A condutividade ac a 100Hz aumenta de $1{,}77n$ ohm^{-1} m^{-1} na amostra composta C_0 (PLA/5% fibra não tratada) para $2{,}21$ n ohm^{-1} m^{-1} na amostra composta C_1 (PLA/1.5 min fibra tratada), para $2{,}25$ n ohm^{-1} m^{-1} na amostra composta C_2 (PLA/3,0 min fibra tratada) e para $2{,}42$ n ohm^{-1} m^{-1} na amostra composta C_3 (PLA/4,5 min fibra tratada). No entanto, o aumento da condutividade é mais pronunciado na frequência de 4MHz, onde a condutividade ac aumenta de $10046{,}20$ n ohm^{-1} m^{-1} no PLA puro para $21855{,}9$ n ohm^{-1} m^{-1} na amostra composta C_0 (PLA/fibra não tratada) para 39759.50 n ohm^{-1} m^{-1} na amostra composta C_1 (PLA/1.5

min fibra irradiada), para 41997.4 n ohm^{-1} m^{-1} na amostra composta C_2 ((PLA/3.0 min fibra tratada) e para 48711.30 n ohm^{-1} m^{-1} na amostra composta C_3 (PLA/4.5 min fibra tratada).Fig.9.11 mostra o gráfico log-log da condutividade ac versus frequência para todas as amostras compostas.

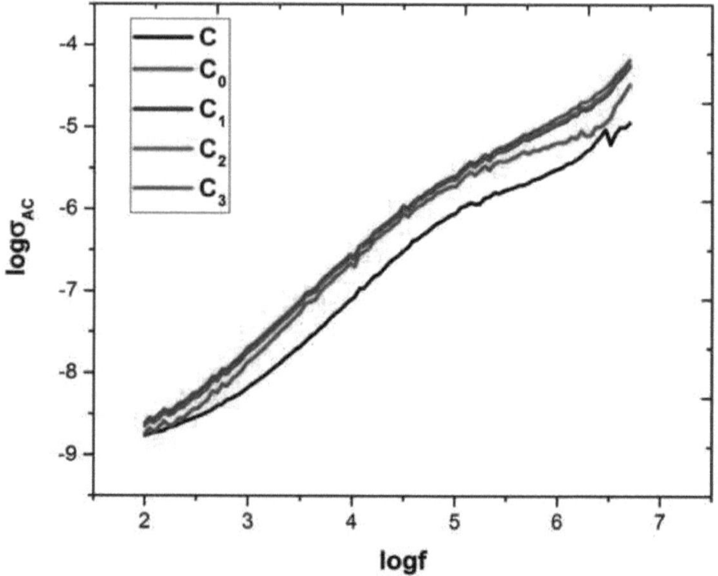

Fig.9.11: Gráfico logarítmico da condutividade eléctrica versus frequência do PLA puro e de todas as amostras compósitas à temperatura de 26 C^0

9.10 Estudo da parte real da impedância

Qualquer dispositivo eletrónico que contenha camadas dieléctricas policristalinas está sempre exposto a campos eléctricos alternados. Os "grãos" são os cristais individuais que compõem uma substância. Todos os átomos de um único grão estão dispostos numa orientação e num arranjo específicos. Uma "fronteira de grão" é a intersecção de dois grãos que estão próximos um do outro.

Alguns átomos não estão precisamente alinhados com qualquer um dos grãos na área de transição conhecida como limite de grão. Quando dois destes cristalitos ou grãos se juntam, resulta um defeito planar conhecido como limite de grão. Em cada lado do limite, a estrutura cristalina e a composição química são idênticas, mas a orientação varia. A interface entre o elétrodo metálico, o grão e o contorno de grão influencia significativamente a resposta eléctrica destes materiais. É apelativo utilizar a espetroscopia de impedância para discernir entre os efeitos de massa e de contorno. Com o uso desta tecnologia, podemos examinar as caraterísticas eléctricas únicas dos componentes de um material, permitindo-nos melhorá-lo.

A variação da parte real da impedância com a frequência é mostrada na Fig.9.12, e os valores da parte real da impedância são dados em forma de tabela na tabela 9.6.

A elevada impedância no domínio das baixas frequências é uma caraterística tanto do PLA puro como de todas as outras amostras compostas. A polarização da carga espacial provoca uma elevada impedância no domínio das baixas frequências. A carga espacial, também designada por polarização interfacial, é criada quando partículas móveis de carga positiva e negativa são isoladas por um campo aplicado, formando cargas espaciais positivas e negativas na massa do material ou nas interfaces entre diferentes materiais.

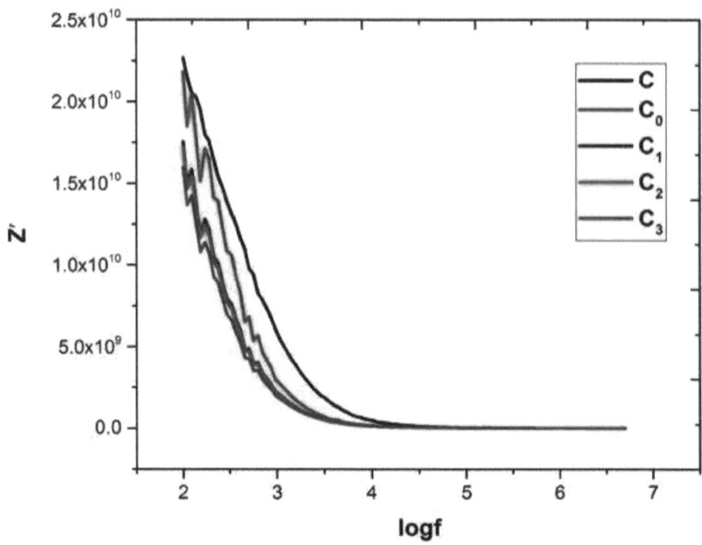

Fig. 9.12: Variação da parte real da impedância do PLA puro e de todas as amostras compósitas

A impedância do PLA puro é de 22700Mohm a 100Hz e é reduzida para 3,86Mohm a 4MHz. A contribuição da impedância a alta frequência deve-se à resistência do grão ou às propriedades do material. O baixo valor da impedância a frequências mais elevadas deve-se à libertação de carga espacial e à redução das propriedades de barreira. A melhoria da condutividade a altas frequências foi atribuída a este fenómeno. Quando o PLA pristino é carregado com fibra IF, a impedância diminui em todas as frequências. O par real da impedância do PLA puro

O PLA a 1KHz é 5440Mohm e é reduzido para 2710Mohm para a amostra composta C_0, para 2030 Mohm para a amostra composta C_1, para 1970 Mohm para a amostra composta C_2, e para 1800 Mohm para a amostra composta C_3. Assim, a adição de fibra IFS exposta a plasma diminui a impedância levando ao aumento da condutividade das amostras compostas em comparação com o PLA puro[6].

TABELA 9.6. Tabela 9.6: Valores da parte real da impedância do PLA e de todas as amostras compósitas a diferentes frequências

Amostras	Parte real da impedância Z' ($\times 10^6$ ohm) a 26 C ^{0}					
	4Hz	100Hz	1kHz	10kHz	1MHz	4MHz
C(PLA puro)	22700	5440	460	11.8	3.86	22700
C_0 (PLA/5% wt de fibra IFS não tratada)	21800	2710	194	5.94	1.78	21800
C_1 (PLA/1,5 min fibra IFS tratada com plasma)	17500	2030	158	3.40	0.975	17500
C_2 (fibra IFS tratada com plasma PLA/3 min)	17200	1970	154	3.23	0.923	17200
C_3 (PLA/4.5 min plasma fibra IFS tratada)	16000	1800	144	2.80	0.796	16000

9.11 Estudo da parte imaginária da impedância

9.11.1 Dependência da frequência da parte imaginária da impedância do PLA e de todas as amostras compósitas

A parte real da impedância na espetroscopia de impedância fornece informações sobre a condutividade das amostras compostas e as suas perdas correspondentes.

$$Z' = R = \frac{t}{\sigma_{ac} A} = \frac{t}{\varepsilon_0 \varepsilon'' \omega A}$$

$$(9.37)$$

A parte real da impedância é inversamente proporcional à condutividade CA e às perdas dieléctricas das amostras compósitas. Quanto maior for a condutividade CA, maiores serão as perdas dieléctricas e menor será a parte real da impedância. No entanto, a parte imaginária na espetroscopia de impedância está relacionada com a polarização dieléctrica e a parte real da constante dieléctrica complexa das amostras compostas.(Karim et al.,2017)

$$Z'' = \frac{1}{\omega C} = \frac{t}{\omega \varepsilon_0 \varepsilon' A}$$

$$(9.38)$$

Quando a tensão aplicada é mantida constante, os valores da parte imaginária da impedância fornecem informações sobre as diferentes polarizações presentes no material. São inversamente proporcionais à constante dieléctrica. A Tabela 9.7 mostra os valores da parte imaginária da impedância de diferentes amostras compostas.

A Tabela 9.7 mostra que os valores da parte imaginária da impedância de todas as amostras compósitas diminuem com o aumento da frequência. O valor da parte imaginária da impedância do PLA puro a 100 Hz é de 1250 Mohm, e diminui para 281 Mohm a 1 KHz, 29 Mohm a 10 KHz, 0,289 Mohm a 1 Hz e 0,0728 Mohm a 4 MHz, respetivamente. O valor elevado da impedância a baixa frequência tem contribuições da polarização interfacial e da polarização dipolar, enquanto a impedância a alta frequência ou no domínio ótico tem contribuições do efeito de grão e da polarização eletrónica. Observam-se tendências semelhantes para todas as outras amostras compósitas, em que a impedância diminui com o aumento da frequência. No entanto, quando o compósito

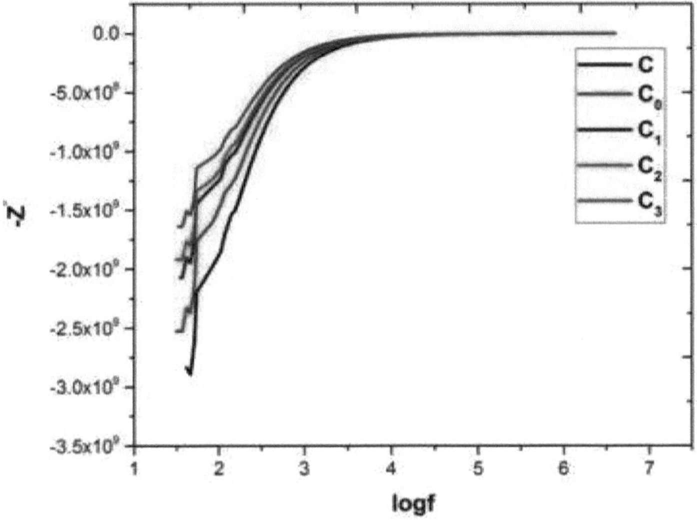

Fig.9.13: Variação da parte imaginária da impedância do PLA puro e de todas as amostras compósitas

Se a matriz de PLA for reforçada com fibra IFS, os valores da parte imaginária da impedância diminuem a cada frequência. A uma frequência de 100 Hz, o valor da parte imaginária da impedância para o PLA puro é de 1250 Mohm, tendo diminuído para 1020 Mohm na amostra C_0

(PLA/5% wt de fibra IFS não tratada), para 839 Mohm na amostra C_1 (PLA/ 1.5 min de fibra IFS tratada com plasma de ar), para 777 Mohm na amostra C_2 (PLA/3,0 min de fibra IFS tratada com plasma de ar), e para 664 Mohm na amostra C_3 (PLA/4,5 min de fibra IFS tratada com plasma de ar). A uma frequência constante, a parte imaginária da impedância é inversamente proporcional à constante dieléctrica. A diminuição da parte imaginária da impedância com o reforço de fibra IFS é bem suportada pelo aumento da constante dieléctrica das amostras compósitas com a adição de fibra IFS. Além disso, com o aumento do tempo de exposição da fibra ao plasma, a parte imaginária da impedância diminui com um aumento da constante dieléctrica. A variação gráfica do negativo da parte imaginária da impedância em função da frequência é apresentada na Fig. 9.13.

Tabela 9.7: Valores da parte imaginária da impedância do PLA e de todas as amostras compósitas em diferentes frequências

Samples	Imaginary part of impedance $Z^{''}$ at different frequencies($\times 10^6$ ohm)				
	At 100Hz	At 1kHz	At 10kHz	1MHz	4 MHz
C(Pristine PLA)	1250	281	29	0.289	0.0728
C_0(PLA/5% wt of untreated IFS fiber)	1020	231	23.8	0.237	0.0596
C_1(PLA/1.5min plasma treated IFS fiber	839	189	19.5	19.4	0.0489
C_2(PLA/3min plasma treated IFS fiber	777	175	18	0.179	0.0453
C_3(PL/4.5 min plasma treated IFS fiber	664	150	15.4	0.153	0.0387

9.12 Estudo dos gráficos de Nyquist

Os gráficos de Nyquist são a representação da parte real da impedância ao longo do eixo horizontal e o negativo da parte imaginária da impedância ao longo do eixo vertical. Uma vez que cada um deles tem um período de relaxação diferente, resultando num semicírculo separado na espetroscopia de impedância complexa, permite a separação da resistência devida aos grãos (bulk), aos limites dos grãos e aos eléctrodos. A Fig.9.14 mostra o gráfico de Nyquist para o PLA puro.

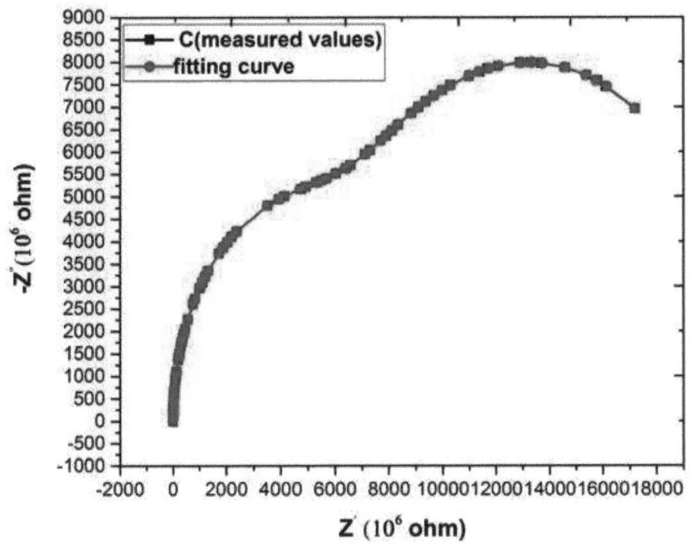

Fig.9.14 . Gráfico de Nyquist para PLA puro

Os dados de impedância medidos são ajustados com dispersões de Nyquist, e a curva de melhor ajuste é apresentada. As linhas sólidas na Fig.9.14 são o gráfico de Nyquist de melhor ajuste e os símbolos de bloco são os valores medidos. Na Fig. 9.14, as morfologias do gráfico de Nyquist são apresentadas como formas semicirculares incompletas com centros deslocados do eixo horizontal. Cada polarização no processo de relaxação polidispersiva tem o seu próprio período de relaxação, incluindo a polarização de orientação, a polarização iónica e a polarização eletrónica. Apenas dois semicírculos são observados de forma proeminente. Os dados medidos são ajustados usando o software Z simpwin usando o modelo (QR)(QR(QR).O circuito equivalente é mostrado na Fig.9.15.

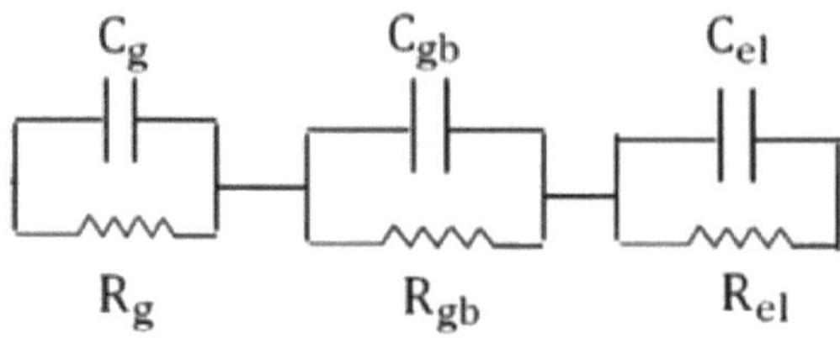

Fig. 9.15. Circuito equivalente mostrando a relaxação de Nyquist

A intersecção dos semicírculos ao longo do eixo horizontal dá os valores da resistência do grão, da resistência do limite do grão e da resistência do elétrodo, respetivamente. A resistência do grão (R_g), a resistência do limite do grão (R_{gb}) e a resistência do elétrodo (R_{el}) para o PLA puro são obtidas como 6,717 x 10^9 ohm, 13,5 x 10^9 ohm, e 1,459 x 10^{10} ohm, respetivamente. A resistência total para o PLA puro é obtida adicionando as contribuições de resistência do grão, do limite do grão e do elétrodo e é de 34,807 x 10^9 ohm. A condutividade do PLA puro foi obtida a partir da resistência total utilizando a expressão $\sigma = \dfrac{t}{RA}$. A condutividade do PLA puro é obtida como 1,82 n ohm m^{-1-1} . No entanto, o gráfico de Nyquist para a amostra composta C_1 (PLA/fibra IFS irradiada durante 1,5 min) é apresentado na Fig.9.16.

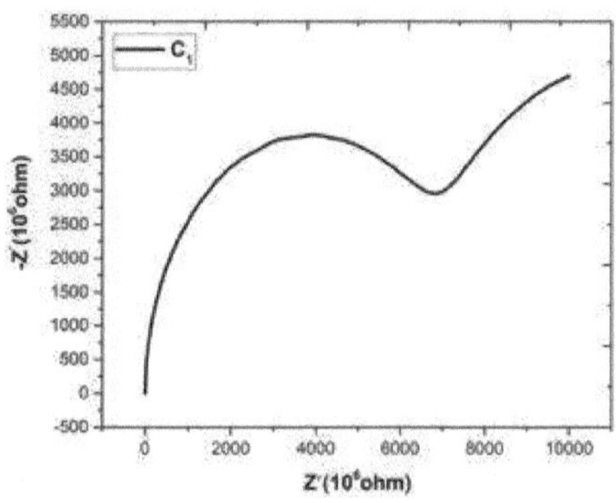

Fig. 9.16. Gráfico de Nyquist para a amostra composta C_1 (PLA/1,5 min de fibra IFS tratada com plasma de ar)

TABELA 9.8: Parâmetros de ajuste do gráfico de Nyquist

Sample	R_g in ohm	R_{gb} in ohm	R_{el} in ohm	n_g	n_{gb}	n_{el}	σ ($\times 10^{-9}$ ohm^{-1}m^{-1}
C(Pristin PLA)	6.717×10^9	13.5×10^9	1.459×10^{10}	0.9556	0.2063	0.9998	1.82
C_0(PLA/5% wt of untreated IFS fiber	5.717×10^9	10.6×10^9	1.267×10^{10}	0.8	0.9678	0.8	2.18
C_1(PLA/1.5min plasma treated IFS fiber)	1.09×10^9	9.1×10^9	1.007×10^{10}	0.8359	0.898	0.2263	3.11
C_2(PLA/3min plasma treated IFS fiber)	4.5×10^8	6.20×10^9	8.007×10^9	0.8	0.8678	0.4335	4.58
C_3(PLA/4.5min plasma treated IFS fiber)	0.39×10^8	2.450×10^9	1.907×10^9	0.8	0.9678	0.788	15.83

Ao contrário do gráfico de Nyquist para o PLA puro na Fig.9.15, são visíveis dois semicírculos na Fig.9.16. A curva é novamente ajustada utilizando o modelo (QR)(QR(QR), e os valores de R_g , R_{gb} e R_{el} são obtidos como 1,09 x 10^9 ohm, 9,1 x 10^9 ohm e 1,007 x 10^{10} ohm, respetivamente. A resistência total para a amostra composta é obtida

175

adicionando as contribuições de resistência do grão, do limite do grão e do elétrodo e é de $20,26 \times 10^9$ ohm. A condutividade da amostra composta C_1 é obtida como 3,11 n ohm m^{-1-1} . O aumento da condutividade do PLA puro pelo reforço da fibra IFS é bem suportado pelos resultados da condutividade ac medida a partir da espetroscopia dieléctrica. A Tabela 9.8 mostra os valores de R_g , R_{gb} , e R_{el} e o fator de depressão correspondente a partir do gráfico de Nyquist. Os resultados da tabela 9.8 concordam com os resultados da placa dieléctrica de que o reforço da fibra IFS na matriz PLA aumenta a condutividade das amostras compósitas. Com o aumento do tempo de exposição da fibra IFS ao plasma, há cada vez mais grupos funcionais disponíveis na superfície da fibra IFS tratada, o que leva a um aumento da condutividade das amostras compósitas. Os valores não nulos de 'n' indicam o comportamento não ideal do gráfico de Nyquist, em que o centro do semicírculo é deslocado por $(1-n)90^0$.

9.13 Conclusões

O objetivo da nossa investigação foi estudar o comportamento das propriedades dieléctricas das amostras compostas preparadas, avaliadas no espetro de frequência 4 Hz -4 MHz à temperatura de 26° C. As propriedades dieléctricas e de impedância foram avaliadas variando o tempo de exposição ao plasma frio. A amostra composta C_3 (PLA com 5%wt, fibra IFS tratada durante 4,5 minutos) possui uma constante dieléctrica máxima de 100,72 a 100Hz, cerca de 1,9 vezes superior à do PLA puro (53,33). O valor diminuiu para 4,50 quando a frequência era de 4 MHz, 1,9 vezes mais do que o PLA puro (2,39). Da mesma forma, a constante dieléctrica do PLA puro aumentou de 53,33 para 65,34, registando um aumento de 22,5%, quando 5% em peso de fibra IFS virgem não tratada foi adicionada à matriz de PLA. O valor aumentou ainda mais para 79,72 quando este compósito foi reforçado com fibra IFS tratada com plasma frio durante 1,5 minutos. Com o aumento do tempo de exposição ao plasma da fibra IFS reforçada na matriz PLA, a constante dieléctrica aumentou. Com o aumento da frequência do campo elétrico aplicado, os valores da parte real da constante dieléctrica diminuíram, e a parte imaginária mostrou fenómenos de ressonância, ao contrário da condutividade CA de todas as amostras de compósito que aumentou. A variação da constante dieléctrica e do fator de perda dieléctrica no domínio da frequência não aderiu perfeitamente ao modelo de Debye.

As curvas de ajuste da dispersão dieléctrica sugerem que todas as amostras compostas são materiais polares impuros com mecanismos de relaxamento múltiplos. O processo de relaxação é polidispersivo com múltiplas polarizações, como carga espacial ou polarização interfacial, polarização de orientação, polarização iónica e polarização eletrónica. A curva mais bem ajustada foi considerada para avaliar a constante dieléctrica estática(ε_S) constante dieléctrica à frequência ótica(ε_∞)desvio da relaxação de Debye(α) e o tempo médio de relaxação(τ_m) para a matriz de PLA puro e para as outras amostras compósitas. A constante dieléctrica estática do PLA puro, obtida a partir do gráfico ajustado, foi de 93,2715 e variou no intervalo de 93,27-175,38 com o reforço da fibra IFS tratada. Para todas as amostras compósitas, o valor de α varia entre 0 e 1. Estes valores servem de indicador da atividade polidispersiva do material. Além disso, o valor de α é máximo para o PLA puro (-0,18093) e diminui muito ligeiramente com o reforço de fibra IFS não tratada e tratada com plasma no PLA. Adicionalmente, um aumento no tempo médio de relaxação nos materiais compósitos como resultado do reforço é responsável pelo aumento nos valores da constante dieléctrica das amostras compostas em comparação com o PLA puro.

Em comparação com o PLA limpo, todas as amostras compósitas apresentam uma maior perda dieléctrica nas gamas de baixa e alta frequência. Para uma carga de fibra fixa a 5% e uma frequência de 100 Hz, a perda dieléctrica do material compósito aumenta de 0,30758 no PLA virgem para 0,31976 na amostra C_0 (PLA/5% do peso da fibra IFS não tratada), 0.39814 na amostra C_1 (PLA/ 1,5 min de fibra IFS tratada com plasma), 0,40559 na amostra composta C_2 (PLA/ 3,0 min de fibra IFS tratada com plasma) e para 0,43679 na amostra C_3 (PLA/ 4,5 min de fibra IFS tratada com plasma). A condutividade Ac do PLA puro foi medida em 1,70 n ohm^{-1} m^{-1} a uma frequência de 100 Hz. Aumentou para um valor máximo de 10046 n ohm^{-1} m^{-1} a uma frequência de 4MHz. O PLA puro apresenta uma condutividade muito baixa e comporta-se como isolante a baixas frequências. A condutividade aumentou à medida que a frequência do campo elétrico aplicado aumentou. Para as amostras compósitas, a condutividade ac é melhorada com o carregamento da fibra IFS, bem como com o aumento do tempo de exposição ao plasma na fibra. A condutividade eléctrica aumenta de 1,70n ohm^{-1} m^{-1} a 100 Hz no PLA puro para 1,77n ohm^{-1} m^{-1} na amostra composta C_0 , em que 5% do peso da fibra IFS não tratada é utilizado como reforço. A condutividade CA a 100Hz aumenta de 1,77n ohm^{-1} m^{-1} na amostra composta C_0 (PLA/5% wt de fibra IFS não tratada) para 2,21 n ohm^{-1} m^{-1} na amostra composta C_1 (PLA/1.5 min fibra tratada) para 2,25 n ohm^{-1} m^{-1} na amostra composta C_2 (PLA/3,0 min fibra tratada) e 2,42 n ohm^{-1} m^{-1} na amostra composta C_3 (PLA/4,5 min fibra tratada). No entanto, o aumento da condutividade é mais pronunciado na frequência de 4MHz, onde a condutividade ac aumenta de 10046,20 n ohm^{-1} m^{-1} no PLA puro para 21855.9 n ohm^{-1} m^{-1} na amostra composta C_0 (PLA/fibra não tratada) para 39759 n ohm^{-1} m^{-1} na amostra composta C_1 (PLA/1.5 min fibra tratada), para 41997.4 n ohm^{-1} m^{-1} na amostra composta C_2 ((PLA/3.0 min fibra tratada) e para 48711.30 n ohm^{-1} m^{-1} na amostra composta C_3 (PLA/4.5 min fibra tratada).

Os dados de impedância medidos foram ajustados com dispersões de Nyquist, e a curva de melhor ajuste foi apresentada. As morfologias do gráfico de Nyquist foram observadas como formas semicirculares incompletas com centros deslocados do eixo horizontal, indicando um processo de relaxamento polidispersivo. Apenas dois semicírculos foram observados de forma proeminente. Os dados medidos foram ajustados usando o software Z simpwin usando o modelo (QR)(QR)(QR)(QR). A resistência do grão (R_g), a resistência do contorno do grão (R_{gb}) e a resistência do elétrodo (R_{el}) para o PLA puro são obtidas como 6,717 x 10^9 ohm, 13,5 x 10^9 ohm e 1,459 x 10^{10} ohm, respetivamente. Os valores da resistência do grão (R_g), da resistência do limite do grão (R_{gb}) e da resistência do elétrodo (R_{el}) diminuíram com o reforço da fibra IFS tratada com plasma frio na matriz de PLA.

REFERÊNCIAS

6. Singh TJ, Samanta S e Singh H. 2017. Influência da Hibridização de Kevlar na Dielétrica e Condutividade do Compósito Epóxi Reforçado com Fibra de Bambu, *Journal of Natural Fibers*, **17**(6): 837-845

7. Karimah A., Ridho MR, Munawar SS, Adi DS, Damayanti R, Subiyanto B, e Fudholi A. 2021. Uma revisão sobre fibras naturais para o desenvolvimento de biocompósitos ecológicos: Caraterísticas e utilizações, *Journal of Materials Research and Technology*, **13**:2442-2458.

8. Kafi AA, Magniez K e Fox BL. 2011. A surface-property relationship of atmospheric plasma treated jute composites, *Composites Science and Technology*, **71**(15):1692-1698.

9. Kalia S, Kaith BS e Kaur I. 2009. Pré-tratamentos de fibras naturais e sua aplicação como material de reforço em compósitos poliméricos: A review, *Polymer Engineering & Science*, **49**(7):1253-1272.

10. Dalai S e Parida C. 2022. Interpretação da dispersão dieléctrica Cole-Cole de compósitos verdes de fibra de luffa/PLA modificada por LINAC médico, *Journal of Materials Science: Materiais em Eletrónica*, **33**(9):6911-6925.

11. Kumar R, Obrai S e Sharma A. 2011. "Modificações químicas de fibras naturais para materiais compósitos", *Der Chemica Sinica*, **2** (4): 219-228.

12. Kumar V, Kushwaha PK e Kumar R. 2011. Análise de espetroscopia de impedância de compósito epóxi reforçado com fibra de bambu orientada e mercerizada, *Journal of Materials Science*, **46**(10): 3445-3451.

13. Yuan X, Jayaraman K e Bhattacharyya D. 2004. Effects of plasma treatment in enhancing the performance of woodfibre-polypropylene composites, *Composites Part A: Applied Science and Manufacturing*, **35**(12):1363-1374.

14. Valasek P, Muller M e Sleger V. 2017. Influência do tratamento com plasma nas propriedades mecânicas das fibras à base de celulose e sua interação interfacial em sistemas compostos, *Bio Resources*, **12**(3):5449-5461.

15. Sorieul M, Dickson A, Hill SJ e Pearson H. 2016. Fibra vegetal: estrutura molecular e propriedades biomecânicas, de um material vivo

complexo, influenciando a sua desconstrução para um compósito de base biológica, *Materials*, **9**(8):618.

16. Sinha E e Panigrahi S. 2009. Efeito do tratamento por plasma na estrutura, molhabilidade da fibra de juta e resistência à flexão do seu compósito, *Journal of Composite Materials*, **43**(17): 1791-1802

17. Siakeng R, Jawaid M, Ariffin H, Sapuan SM, Asim M e Saba N. 2019. Compósitos de ácido polilático reforçados com fibra natural: Uma revisão, *Polymer Composites*, **40**(2):446-463.

18. Seki Y, Sarikanat M., Sever K, Erden S e Ali Gulec H. 2010. Efeito do tratamento com plasma de oxigénio de baixa e radiofrequência da fibra de juta nas propriedades mecânicas do compósito de fibra de juta/poliéster, *Fibers and Polymers*, **11**(8):1159-1164.

19. Putra AEE, Renreng I, Arsyad H e Bakri B. 2020. Investigando os efeitos do tratamento com plasma líquido na resistência à tração das fibras de coco e na adesão interfacial fibra-matriz de compósitos, *Composites Part B: Engineering*, **183**:107722.

20. Martin AR, Denes FS, Rowell RM e Mattoso LH. 2003. Mechanical behavior of cold plasma-treated sisal and high-density polyethylene composites, *Polymer Composites*, **24**(3):464-474.

21. Li Y, Mai YW e Lin Y. 2000. Sisal fiber and its composites: A review of recent developments, *Composites Science and Technology*, **60** (11): 2037-2055.

22. Liu X e Cheng L. 2017. Influência do tratamento de plasma nas propriedades da fibra de rami e dos compósitos reforçados, *Journal of Adhesion Science and Technology*, **31**(15):1723-1734.

Capítulo-10

Conclusão

As fibras naturais estão atualmente a substituir as fibras sintéticas ou artificiais tradicionais, uma vez que são mais acessíveis, mais leves, mais fáceis de encontrar, não tóxicas, biodegradáveis e benignas para o ambiente. As fibras naturais são benéficas para o ambiente e, como são menos abrasivas, o seu processamento e reciclagem são mais simples. Quando comparadas com as fibras sintéticas, o fabrico de fibras naturais utiliza muito menos energia. Para tornar os compósitos mais leves, as fibras naturais estão gradualmente a substituir as fibras sintéticas. A densidade da fibra natural ($1{,}2$-$1{,}6$ g/cm^3) é baixa em comparação com a densidade da fibra de vidro ($2{,}4$ g/cm^3), o que resulta em compósitos leves. Consequentemente, os compósitos à base de fibras naturais são cada vez mais procurados para utilização comercial numa série de sectores industriais.

Para produzir os compósitos leves, são frequentemente utilizadas fibras naturais, incluindo luffa, cânhamo, juta, sisal, banana, coco e kenaf. O presente estudo utiliza o sólido de *Ichnocarpus frutescens* (IFS), um nome popular para SUAN LATA e um produto de resíduos agrícolas de Odisha. As fibras naturais são constituídas principalmente por celulose, o que as torna hidrofílicas e propensas a absorver humidade. Como resultado, as fibras naturais têm um desempenho fraco no fabrico de materiais compósitos devido à sua excitabilidade extremamente baixa e à fraca compatibilidade com a matriz polimérica. Por conseguinte, é necessário modificar as fibras para ultrapassar estas restrições. Um método para melhorar a interação entre as fibras naturais e a matriz polimérica é o tratamento químico das fibras. Uma vez que diminui os grupos funcionais -OH na superfície da fibra e aumenta a rugosidade da superfície, a interação molecular entre a matriz e as fibras é melhorada. No entanto, os tratamentos químicos envolvem substâncias perigosas e venenosas, demoram muito tempo a concluir e não são amigos do ambiente. No entanto, a terapia de plasma frio em fibras naturais é uma técnica física prática. Não utiliza quaisquer produtos químicos, não é quimicamente prejudicial, consome menos energia, não produz resíduos, tem baixas despesas de funcionamento e utiliza métodos que poupam tempo. Os plasmas gasosos, como o ar, o amoníaco, o oxigénio, o azoto, o metano, o etileno, o hélio, etc., são utilizados nos tratamentos por plasma. Devido aos seus baixos níveis de ionização e poder de penetração limitado, a exposição ao plasma não térmico proporciona um método flexível para alterar a morfologia e a cristalinidade da fibra. O plasma é a quarta forma reconhecida de matéria. Um sistema de plasma frio é um sistema gasoso quasineutro, parcialmente ionizado. O sistema de plasma é constituído por átomos excitados, radicais livres, partículas metaestáveis, electrões, raios gama e iões positivos. Cada componente tem interações químicas e físicas com superfícies sólidas. Em qualquer volume macroscópico, o sistema de plasma mantém constantemente um equilíbrio entre cargas positivas e negativas. A ionização dos átomos gasosos produz electrões, e o campo elétrico de radiofrequência aplicado acaba por dar energia a estes electrões. Estes electrões transmitem energia às moléculas de gás quando colidem com moléculas de gás neutras, criando moléculas de gás reactivas nos estados excitados. Todos os mecanismos bioquímicos começam com a ionização do átomo ou com a interação do átomo com a radiação. Com um tempo de exposição muito curto, o tratamento com plasma pode causar alterações estruturais significativas na fibra. No decurso do tratamento com plasma, a ligação entre o átomo de carbono e o átomo de oxigénio desintegra-se, as celuloses são oxidadas, o que provoca a dissolução das correlações glicosídicas ou das ligações entre duas unidades monoméricas. É um caso de cisão da cadeia quando são produzidos vários monómeros. Além disso, há muitos electrões disponíveis na superfície durante o tratamento com plasma, o que resulta numa grande produção de radicais livres. Quando a fibra é utilizada como reforço durante a criação de materiais compósitos, a presença de radicais livres irá reforçar a interação química entre a fibra e a matriz. Além disso, a área de superfície das fibras de celulose aumenta ligeiramente com a desfibrilhação, resultando numa melhor compatibilidade entre a fibra e a matriz.

As fibras sólidas IFS são tratadas com plasma N_2 frio durante 3 minutos e plasma de ar frio durante 1,5 minutos, 3,0 minutos e 4,5 minutos. O objetivo desta investigação é verificar se ocorrem alterações substanciais a este nível de exposição. Assim, a utilização de plasma frio da instalação experimental estabelecida localmente no Instituto de Física, Bhubaneswar, é uma nova abordagem para alterar a superfície da fibra IFS. A deterioração térmica da fibra é evitada através da manutenção de baixa pressão e temperatura ambiente no ambiente experimental. O exame estrutural e funcional da fibra virgem, da fibra IFS virgem não tratada e da fibra IFS exposta a plasma frio a vácuo, utilizando XRD, FTIR, Raman e SEM, foi motivado pela completa escassez de conhecimentos sobre a fibra IFS na literatura. Para determinar a composição exacta da fibra IFS, foi realizada uma análise da composição da biomassa. A técnica eficaz de emissão de raios X induzida por protões (PIXE), também conhecida como emissão de raios X induzida por partículas, foi utilizada para determinar os elementos e as suas concentrações presentes na fibra IFS.

Os materiais compósitos não são um conceito novo. O Grifo é um ser mítico da mitologia grega que tem uma cabeça e asas de águia sobre o corpo de um leão. Assim, unia a força do corpo de um leão com a inteligência e a capacidade de voar proporcionadas pela cabeça e asas de uma águia, criando um temível protetor do templo do deus. O conceito de materiais compósitos é empregue frequentemente na natureza. Estes materiais, em particular, fornecem mecanismos de "auto-montagem", nos quais um sistema de partes interage para criar uma estrutura organizada. As interações envolvem interações electrostáticas, ligações de hidrogénio ou forças de Van der Waals. Estes sistemas híbridos naturais têm uma arquitetura molecular e uma excelente coordenação entre as suas partes. Os materiais compósitos constituídos por fibras de celulose e lenhina formam as fibras vegetais. Apesar de terem uma elevada resistência à tração, as fibras de celulose são altamente flexíveis. A matriz de lenhina confere rigidez e liga as fibras.

No caso dos materiais compósitos que utilizam fibras como reforço, os polímeros são atualmente os materiais mais frequentemente utilizados como matriz. Embora os termoplásticos modernos, como as poliamidas e as polissulfonas, tenham recentemente atraído a atenção devido às suas qualidades atractivas a altas temperaturas (mais de 300 °C), as resinas epóxidas e os poliésteres têm sido utilizados há décadas (Lau et al., 1993). As fibras naturais, que são materiais económicos e amigos do ambiente, têm sido investigadas em profundidade nos últimos anos como reforços em matrizes de polímeros termoplásticos e termoendurecíveis, num esforço para substituir as fibras sintéticas. Os compósitos de fibras vegetais naturais oferecem um grande potencial devido à sua resistência, biodegradabilidade, baixo custo de produção e peso reduzido.

No presente estudo, as fibras IFS são utilizadas como reforço em compósitos fabricados com ácido poliláctico (PLA) como matriz polimérica. O PLA é produzido a partir do ácido lático, que é produzido através da fermentação dos hidratos de carbono fornecidos por plantas como o milho ou a beterraba sacarina. Uma vez que se degrada naturalmente, a vida útil do PLA pode ser ajustada. Apesar de alguns defeitos, como a baixa temperatura de distorção térmica, a fraca resistência ao calor, a falta de elasticidade, etc., o PLA é muito procurado devido à sua segurança ambiental e sustentabilidade. As propriedades dieléctricas do PLA são evidentes na sua resposta de impedância, o que o torna adequado para simular componentes electrónicos descartáveis, como transístores orgânicos de efeito de campo (OEFT) e transístores electroquímicos orgânicos (OECT). Proporcionam uma forma de lidar com a procura crescente de eletrónica flexível e de reduzir o aumento dos resíduos electrónicos (e-waste). Para substratos condutores, semicondutores e dieléctricos, o PLA pode servir de ponte natural entre materiais electrónicos e macios e oferece um espaço de conceção química considerável para propriedades electrónicas ajustáveis. A capacidade de afinar o dispositivo é vantajosa para a criação de eletrónica biodegradável sofisticada, que tem um impacto significativo na indústria biomédica, particularmente nas áreas de investigação fundamental, terapias, monitorização de saúde de ponta e administração de medicamentos. A nossa investigação foi inspirada pela total ausência de dados na literatura sobre o complexo comportamento dielétrico e de impedância dos compósitos que utilizam a matriz PLA e a fibra IFS. A natureza biodegradável do PLA levou-nos a executar o trabalho, e as caraterísticas eléctricas complexas dos materiais misturados preparados, tais como a constante dieléctrica complexa, a impedância, o ângulo de fase, o fator de perda dieléctrica e a condutividade CA, foram estudadas após a variação do tempo de exposição ao plasma frio dado à fibra IFS na banda de frequência de 4Hz a 4 MHz. O objetivo principal do estudo é desenvolver dieléctricos biodegradáveis com constantes dieléctricas e condutividades CA sintonizáveis para utilização numa vasta gama de aplicações biomédicas, tais como conectores para as células nervosas e cardiovasculares eletricamente sensíveis do corpo, transdutores de pressão capacitivos de base biológica, blindagem contra radiações electromagnéticas para cabos e fios em instalações eléctricas, botões de pressão, rebites, condensadores, etc. Este estudo permitirá colmatar as lacunas da literatura e melhorar as aplicações do PLA, não só como polímero biodegradável, mas também como material promissor para utilização como dielétrico verde, semicondutor, substrato, etc.

- **Resumo**

I. O trabalho de investigação teve como objetivo investigar a biocomposição, a morfologia e a estrutura de uma fibra IFS de um resíduo agrícola e transformá-la num material dielétrico ecológico amigo do ambiente, reforçando-a numa matriz de polímero biodegradável PLA sintetizada por microcomposição e moldagem por injeção. Antes do reforço, a fibra IFS foi modificada com plasma frio N_2 durante 3,0 minutos e plasma frio de ar durante 1,5 minutos, 3,0 minutos e 4,5 minutos, obtidos a partir de plasma frio instalado no Instituto de Física, Bhubaneswar. As fibras naturais são altamente hidrofílicas por natureza, o que afecta a interação molecular entre a fibra e a matriz polimérica. No presente cenário, as fibras IFS foram modificadas por plasma frio. Estas técnicas ecológicas são isentas de produtos químicos e têm um tempo de processamento muito reduzido. O levantamento da literatura revelou que não há absolutamente nenhuma informação sobre a estrutura, a biocomposição e a utilização da fibra IFS como reforço em materiais compósitos. Esta é a questão mais significativa e inovadora relativamente a esta investigação. O objetivo deste trabalho foi detetar se ocorrem quaisquer alterações dignas de nota devido ao tratamento com plasma frio durante um tempo de exposição tão baixo.

II. A fibra IFS foi extraída do caule da planta por imersão em solução de NaOH a 4% durante 7 dias. O caule IFS foi designado por fibra virgem e a fibra obtida após o tratamento com NaOH foi designada por fibra virgem não tratada. Foi preparado um total de 6 amostras diferentes de fibra IFS. P é o caule puro sem tratamento com NaOH. B_0 é a fibra IFS virgem não tratada após imersão em solução de NaOH... Bx é a fibra IFS tratada com plasma frio de azoto durante 3 minutos a 2kV. B_1 , B_2 , e B_3 são fibras IFS tratadas com plasma de ar com tempos de exposição de 1,5min, 3min e 4,5min a 1KV.

III. O motivo da escolha do PLA como matriz é a presença de grupos -OH na sua espinha dorsal. Espera-se que a presença do grupo -OH no PLA e na fibra IFS reforce a ligação química entre a fibra IFS e o PLA. A maioria dos plásticos é derivada da destilação e polimerização de reservas de petróleo não renováveis. Em contrapartida, o PLA é um polímero termoplástico derivado de recursos renováveis, como o amido de milho ou a cana-de-açúcar. É biodegradável por natureza e a vida útil deste polímero pode ser adaptada em conformidade. Pode ser produzido a partir de equipamentos de fabrico já existentes (os concebidos e originalmente utilizados para os plásticos da indústria petroquímica). Este facto torna a sua produção relativamente eficiente em termos de custos.

IV. A falta de informação na literatura sobre o comportamento dielétrico e de impedância de compósitos complexos que utilizam matriz PLA e fibra IFS motivou-nos a desenvolver um material dielétrico biodegradável. As propriedades dieléctricas e de impedância do PLA puro e dos compósitos PLA/fibra IFS foram estudadas em baixa frequência, bem como no domínio da frequência ótica. O efeito do tempo de exposição ao plasma frio conferido à fibra IFS foi examinado em vários comportamentos dieléctricos e de impedância, tais como as partes real e imaginária da constante dieléctrica, a parte real e imaginária da impedância, a condutividade CA, o desvio da relaxação de Debye, o tempo médio de relaxação, o comportamento polidispersivo, etc.

V. As amostras compósitas irradiadas de fibra IFS/matriz de PLA foram fabricadas utilizando microcomposição e moldagem por injeção. Utilizando a moldadora, as dimensões desejadas das amostras foram preparadas para análise. O PLA e a fibra IFS tratada por plasma frio com proporções de 5% em peso foram misturados para preparar 5 amostras diferentes dos compósitos. Definindo pelo código, C é a matriz de PLA pristina. C_0 é o compósito preparado pelo reforço de 5% em peso de fibra IFS virgem não tratada na matriz PLA. Nas amostras de compósitos C_1 , C_2 , e C_3 , o PLA é misturado com 5% wt de fibra IFS tratada por plasma de ar com 1,5min, 3min e 4,5 min de tempo de exposição.

VI.   Os espectros PIXE foram obtidos para o caule puro, para a fibra virgem tratada com NaOH e para a fibra tratada com plasma. O caule puro, a fibra virgem tratada com NaOH, a fibra IFS tratada com plasma frio N_2 , a fibra IFS tratada com plasma de ar, a matriz PLA e os compósitos PLA/fibra IFS foram caracterizados por XRD, FTIR, Raman e SEM. Foi discutida a fórmula para calcular a concentração de múltiplos elementos, tendo em conta um elemento padrão. A presença de multi-elementos não tóxicos, tais como Si, S, P, Cl, K, Ca, Sc, Ti, V, Mn, Fe, Cu e Zn, cada um com diferentes propriedades medicinais, foi verificada a partir do espetro PIXE. As concentrações máximas de K (419310ppm), Ca (256665ppm) e Sc (363210ppm) foram encontradas na fibra IFS de acordo com o espetro PIXE da fibra sólida.

VII.   A presença de lenhina no caule virgem foi demonstrada pelo pico forte em $17,07^0$. Além disso, a presença de celulose cristalina foi detectada no caule virgem pela presença de picos em $21,080^0$ $,23,473^0$ no espetro do caule virgem, que correspondem a celulose cristalina com planos cristalográficos (012) e (200), respetivamente. Os espectros de XRD da fibra IFS virgem tratada quimicamente revelaram um maior número de picos distintos quando a fibra IFS foi montada paralelamente à direção do feixe de raios X. Quando o eixo da fibra é posicionado paralelamente ao feixe de raios X, quase todos os átomos dos planos cristalográficos da fibra participam na difração, resultando no desenvolvimento de picos de difração proeminentes devido à interferência construtiva das ondas dos átomos. 17.07^0 A ausência de um pico acentuado no espetro da fibra virgem tratada quimicamente demonstra claramente a desintegração da lenhina devido ao tratamento com NaOH. O XRD da fibra IFS tratada com plasma frio de azoto durante 3,0 minutos mostra a presença distinta de celulose cristalina e amorfa com a intensidade diminuída do pico cristalino em comparação com a intensidade do pico amorfo. A presença de um pico amorfo largo (cerca de 17^0) e de um pico cristalino acentuado (cerca de 21^0) com maior intensidade do pico cristalino da celulose foi detectada nos espectros de XRD da fibra IFS tratada com plasma de ar frio durante 1,5 min e 3,0 min. No entanto, o difractograma da fibra IFS exposta ao plasma durante 4,5 minutos não contém qualquer pico cristalino acentuado, o que indica uma destruição máxima da cristalinidade da celulose quando a fibra IFS é exposta ao plasma de ar frio durante 4,5 minutos. A presença de um pico largo com uma FWHM elevada e um tamanho de cristalito minúsculo de 0,339 nm a 18^0 no espetro XRD do PLA indica a sua natureza amorfa. A deslocação e o aparecimento de novos picos, a alteração do tamanho do cristalito, o ângulo de hélice e o ângulo de azimute em todas as fases confirmam a interação molecular entre a fibra e o plasma e entre a fibra tratada com plasma e a matriz de PLA.

VIII. O tamanho e a forma do lúmen interno, a espessura da parede celular e a forma da secção transversal das microfibrilas foram todos observados como irregulares nas micrografias SEM. As alterações causadas pelo tratamento com plasma na fibra IFS foram visíveis nas micrografias SEM das fibras tratadas. As micrografias das fibras tratadas com plasma mostram fases claras e escuras que correspondem a celulose cristalina e amorfa, respetivamente. Com o aumento do período de exposição ao plasma, a desagregação das fibras também aumentou. Na micrografia dos compósitos, são visíveis duas microfibrilhas distintas, uma correspondente a microfibrilhas lisas de PLA e a outra a microfibrilhas rugosas de celulose. As micrografias SEM das amostras compósitas mostram a agregação de fibrilas e a adesão da matriz de fibras.

IX. O estudo espetral FTIR da fibra IFS não tratada, da fibra IFS tratada com plasma de azoto e ar, da matriz PLA e dos compósitos que utilizam fibra IFS tratada e não tratada inclui vários grupos funcionais. A interação entre o plasma frio e a fibra, a interação entre a fibra tratada e a matriz foi verificada a partir da deslocação das bandas FTIR. A deslocação das bandas FTIR em cada fase de cada amostra composta demonstra amplamente a interação. A banda 1315,36 cm^{-1} nos espectros da fibra IFS exposta a plasma frio N_2 e a plasma frio de ar indica a formação do grupo funcional nitrilo (NO_3) na superfície da fibra IFS devido ao tratamento por plasma frio. A banda em torno de 3286 cm^{-1} nos espectros da fibra IFS tratada com plasma frio de ar, substituindo a banda a 3341 cm^{-1} no espetro da fibra IFS não tratada, indica a presença de alongamento N-H do grupo amida A e do grupo -OH. A deslocação da banda de 1611,58 cm^{-1} na fibra IFS não irradiada para 1610,67 cm^{-1} , 1617,87 cm^{-1} , e 1611,25 cm^{-1} no espetro das amostras B$_1$,B$_2$ e B$_3$ tratadas com plasma de ar, respetivamente, é atribuída ao acoplamento entre a vibração de estiramento C=O da ligação peptídica e a amida II (N-H bending/C-N Stretching).

X.   A presença de flexão simétrica C-C do anel de celulose C-O-C, estiramento C-C-C na celulose, vibração simétrica C-O-C no plano, CH$_2$ na celulose, vibrações de estiramento de C-C, C-O na celulose juntamente com hemicelulose, absorção relacionada com o anel siringil e estiramento de C-O, flexão H-C-H, H-O-C, grupo carbonilo na lenhina, pectina foram verificados a partir da ocorrência de bandas Raman em fibras IFS não irradiadas e tratadas com plasma. A intensidade do pico de celulose-I, cerca de 332 cm^{-1}, diminuiu com o aumento do tempo de exposição à irradiação com plasma e não se verificou nas fibras IFS tratadas após 3,0 e 4,5 minutos. Foi determinado que a celulose-III estava presente na fibra IFS tratada com plasma durante 1,5 e 3,0 minutos, mas estava ausente na fibra tratada com plasma durante 4,5 minutos. A ausência do grupo carbonilo na fibra tratada durante 4,5 minutos sugere que o grupo carbonilo foi destruído como resultado da exposição de 4,5 minutos. O grupo carbonilo foi encontrado na fibra IFS virgem não tratada, na fibra tratada durante 1,5 minutos e na fibra tratada durante 3,0 minutos. A pectina foi encontrada tanto na fibra não irradiada como na fibra totalmente irradiada. A mudança de pico nas amostras compostas revelou que a matriz PLA e a fibra de reforço interagiram molecularmente.

XI.   O objetivo da nossa investigação foi estudar o comportamento das propriedades dieléctricas das amostras compósitas preparadas, avaliadas no espetro de frequência 100Hz - 4 MHz à temperatura de 26° C. As propriedades dieléctricas e de impedância foram avaliadas com a variação do tempo de exposição ao plasma frio. A amostra composta C_3 (PLA com 5%wt, fibra IFS tratada durante 4,5 minutos) possui uma constante dieléctrica máxima de 100,72 a 100Hz, cerca de 1,9 vezes superior à do PLA puro (53,33). O valor diminui para 4,50 quando a frequência é de 4MHz, 1,9 vezes mais do que o PLA puro (2,39). Da mesma forma, a constante dieléctrica do PLA puro aumentou de 53,33 para 65,34, registando um aumento de 22,5%, quando 5% em peso de fibra IFS virgem não tratada foi adicionada à matriz de PLA. O valor aumentou ainda mais para 79,72 quando este compósito foi reforçado com fibra IFS tratada com plasma frio durante 1,5 minutos. Com o aumento do tempo de exposição ao plasma da fibra IFS reforçada na matriz PLA, a constante dieléctrica aumentou. Com o aumento da frequência do campo elétrico aplicado, os valores da parte real da constante dieléctrica diminuíram, a parte imaginária mostrou fenómenos de ressonância, ao contrário da condutividade CA de todas as amostras de compósito que aumentou. A variação da constante dieléctrica e do fator de perda dieléctrica no domínio da frequência não aderiu perfeitamente ao modelo de Debye.

XII.   As curvas de ajuste da dispersão dieléctrica sugerem que todas as amostras compostas são materiais polares impuros com mecanismos de relaxamento múltiplos. O processo de relaxação é polidispersivo com múltiplas polarizações, como carga espacial ou polarização interfacial, polarização de orientação, polarização iónica e polarização eletrónica. A curva mais bem ajustada foi considerada para avaliar a constante dieléctrica estática(ε_S),constante dieléctrica à frequência ótica (ε_∞)desvio da relaxação de Debye(α) e o tempo médio de relaxação(τ_m) para a matriz de PLA puro e para as outras amostras compósitas. A constante dieléctrica estática do PLA puro, obtida a partir do gráfico ajustado, foi de 93,2715 e variou no intervalo de 93,27-175,38 com o reforço da fibra IFS tratada. Para todas as amostras compósitas, o valor de α varia entre 0 e 1. Estes valores servem de indicador da atividade polidispersiva do material. Além disso, o valor de α é máximo para o PLA puro (-0,18093) e diminui muito ligeiramente com o reforço de fibra IFS não tratada e tratada com plasma no PLA. Adicionalmente, um aumento no tempo médio de relaxação nos materiais compósitos como resultado do reforço é responsável pelo aumento nos valores de α e em comparação com o PLA puro. Os valores do tempo médio de relaxação indicam que a polarização de orientação domina todas as outras polarizações.

XIII. Quando comparadas com o PLA limpo, todas as amostras compósitas apresentam uma maior perda dieléctrica nas gamas de baixa e alta frequência. Para uma carga de fibra fixa a 5% e uma frequência de 100 Hz, a perda dieléctrica do material compósito aumenta de 0,30758 no PLA virgem para 0,31976 na amostra C_0 (PLA/fibra IF não irradiada), 0.39814 na amostra C_1 (PLA/fibra IFS tratada a plasma durante 1,5 min), 0,40559 na amostra composta C_2 (PLA/fibra IFS tratada a plasma durante 3,0 min) e 0,43679 na amostra C_3 (PLA/fibra IFS tratada a plasma durante 4,5 min).

XIV. A condutividade Ac para PLA puro foi medida como sendo 1,70 n ohm^{-1} m^{-1} a uma frequência de 100 Hz. Aumentou para um valor máximo de 10046 n ohm^{-1} m^{-1} a uma frequência de 4MHz. O PLA puro apresenta uma condutividade muito baixa e comporta-se como isolante a baixas frequências. A condutividade aumentou à medida que a frequência do campo elétrico aplicado aumentou. Para as amostras compósitas, a condutividade ac é melhorada com o carregamento da fibra IFS, bem como com o aumento do tempo de exposição ao plasma na fibra. A condutividade eléctrica aumenta de 1,70n ohm^{-1} m^{-1} a 100 Hz no PLA puro para 1,77n ohm^{-1} m^{-1} na amostra composta C_0 , em que 5% do peso da fibra IFS não irradiada é utilizado como reforço. A condutividade ac a 100Hz aumenta de 1,77n ohm^{-1} m^{-1} na amostra composta C_0 (PLA/fibra não irradiada) para 2,21 n ohm^{-1} m^{-1} na amostra composta C_1 (PLA/1,5 min fibra irradiada) para 2,25 n ohm^{-1} m^{-1} na amostra composta C_2 (PLA/3.0 min fibra irradiada) e para 2,42 n ohm^{-1} m^{-1} na amostra composta C_3 ((PLA/4,5 min fibra irradiada). No entanto, o aumento da condutividade é mais pronunciado na frequência de 4MHz, onde a condutividade ac aumenta de 10046.20 n ohm^{-1} m^{-1} em PLA puro para 21855.9 n ohm^{-1} m^{-1} na amostra composta C_0 (PLA/fibra não irradiada) para 39759 n ohm^{-1} m^{-1} na amostra composta C_1 (PLA/1.5 min fibra irradiada) , para 41997.4 n ohm^{-1} m^{-1} na amostra composta C_2 ((PLA/3.0 min fibra irradiada) e para 48711.30 n ohm^{-1} m^{-1} na amostra composta C_3 (PLA/4.5 min fibra irradiada).

XV. Os dados de impedância medidos foram ajustados com dispersões de Nyquist, e a curva de melhor ajuste foi apresentada. As morfologias do gráfico de Nyquist foram observadas como formas semicirculares incompletas com centros deslocados do eixo horizontal, indicando um processo de relaxação polidispersiva. Apenas dois semicírculos foram observados de forma proeminente. Os dados medidos foram ajustados com o software Z simpwin utilizando o modelo (QR)(QR). A resistência de grão (R_g), a resistência de contorno de grão (R_{gb}) e a resistência de elétrodo (R_{el}) para o PLA pristino são obtidas como $6{,}717 \times 10^9$ ohm, $3{,}5 \times 10^6$ ohm e $1{,}459 \times 10^{10}$ ohm respetivamente. Os valores da resistência do grão (R_g), da resistência dos limites do grão (R_{gb}) e da resistência do elétrodo (R_{el}) diminuíram com o reforço da fibra de IF tratada por plasma frio na matriz de PLA.

XVI. Esta vasta gama de valores da constante dieléctrica e da condutividade ac abre muitas oportunidades para a substituição de materiais cerâmicos tradicionais em aplicações industriais e medicinais, como o fabrico de supercondutores, a conversão de energia fotovoltaica em células solares, o revestimento de meninges, os conectores musculares, os transdutores biodegradáveis, as válvulas eléctricas biodegradáveis, os circuladores, os isoladores, os deslocadores de fase, os osciladores de ressonadores dieléctricos, tanto na gama de frequências baixas como na gama de frequências ópticas. Podem ser sintetizados conectores para neurónios com reação eléctrica e células cardíacas no corpo humano utilizando estes materiais dieléctricos biodegradáveis, tendo em conta os resultados da dielectroforese de células humanas interiores.

XVII. A presente investigação relatou com sucesso um material dielétrico ecológico, verde e biodegradável feito a partir de uma fibra IFS de resíduos agrícolas e PLA biodegradável.

Printed by Books on Demand GmbH, Norderstedt / Germany